從AI到 AI+

臺灣零售、醫療、基礎建設、
金融、製造、農牧、運動產業第一線的數位轉型

黃齊元 Dr. Change
暨東海大學智慧轉型中心作者群

——著

未來臺灣產業轉型的重要推手

王茂駿

　　黃齊元總裁是本校傑出校友，平日熱心公益，以個人的力量，整合許多資源支持母校。作為東海大學校長，我非常高興能有機會為他的新書作序。

　　首先我要強調的是，黃總裁帶動了東海的數位轉型。東海傳統上是一所文理大學，以博雅教育而聞名，直到黃總裁四年前將美國亞馬遜 AWS 引進東海，成立臺灣第一座和 AWS 簽約合作的「雲創學院」。當時很多人不理解 AI 和雲端的重要性，而黃總裁仍熱心奔走，終於促成了這個計畫。過去幾年，AI 已成為東海各系所改進轉型的重要方向，黃總裁居功甚偉。

　　其次，黃總裁是卓越的資源整合者。作為一位成功的投資銀行家，黃總裁有豐沛的產業人脈、廣泛的國際資源，以及無與倫比的聲譽，但我最佩服的更是他堅強的執行力。在他的奔走下，新的計畫一個個實現，包括和以色列海法大學合組「海法聯盟」、成立「東海菁英智慧金融與行銷講座」，以及和敏盛醫藥集團成立 MIDAS 醫療數位轉型聯盟。黃總裁不只是一位夢想家，更是一位實踐家。

　　第三、黃總裁樹立了個人回饋母校的典範。黃總裁帶給母校的

不只是錢，更是外部資源；不僅來自臺灣，也包括海外。他有遠大的熱情、理想和抱負，他告訴我現在的成果，還只是一系列計畫的開始而已。

《從 AI 到 AI⁺》這本書是黃總裁計畫的一部分。去年他在管理學院成立「智慧轉型中心」，這是臺灣最早以「數位轉型」為核心的研究中心，證明黃總裁的遠見。這本書完全由他個人出資出版，整合許多產業的資源，深入探討這個目前極其重要的話題。在他的帶領下，東海又再一次有機會走在趨勢前面。

我對東海的未來充滿信心，也誠摯感謝黃總裁對母校的付出。我相信這本書對於臺灣數位轉型是一個重要的開始，希望東海智慧轉型中心能夠成為未來臺灣產業轉型的重要推手！

（本文作者為東海大學校長）

新科技版圖的一席之地

李紀珠

　　齊元是玉山科技協會的理事，也是創新創業委員會的召集人。齊元為人非常熱心，而且有許多創新的想法和踏實的執行力，經常協助玉山舉辦活動，並擔任小玉山年輕會員的導師。

　　臺灣科技產業正進入轉折換代的關鍵時期，過去我們主要以硬體和代工為主，和蘋果等國際大廠配合。但隨著中美科技大戰興起，全球供應鏈正在重組，產業發展也不再侷限於硬體製造。許多新的技術，包括 AI、Big Data、雲計算、區塊鏈、5G 和量子電腦等，正引領下一波產業的成長；更不用說近期新冠肺炎疫情，帶動了全球生技股的一波超級大行情。

　　臺灣在未來全球新的科技版圖中，肯定有重要的角色和地位。除了我們傳統的半導體和硬體 IoT 製造能力以外，更可以結合 5G、AI 和許多行業的專精知識，打造「數位轉型」的整體解決方案。換言之，臺灣的未來不會只有製造者和零組件供應商，更可以成為整體解決方案提供者和資源整合者。

　　全球玉山科技協會是全球華人最有影響力的科技組織，成立已有 20 年的時間，在美國、臺灣和中國總共有 16 個分會，扮演科技產業的領導者和推動者。近年我們在臺灣還組織了南玉山分會、小

玉山和青年玉山等分支機構，與不同社會層面的人廣泛連結，期望發揮更大的影響力。

齊元做許多事都很有前瞻性，這次出版《從 AI 到 AI⁺》，把 AI 的理論和許多不同的行業結合，相信對讀者會有很深的啟發。我也希望玉山科技協會將來能夠在臺灣產業轉型的過程中，扮演更積極的角色，和大家攜手創造臺灣令人振奮的黃金十年。

（本文作者為臺灣玉山科技協會理事長）

看得懂、學得會、打得贏

王定愷

科技創造歷史，也經常是翻轉與顛覆未來的主要力量。新科技的出現每每為組織或個人帶來許多新的機會與挑戰。近年來雲技術突飛猛進，新經濟模式快速翻轉取代舊經濟，顛覆成為新常態，讓許多組織與公司在面對未來發展的不確定性時，經常表現得左支右絀、無所適從。因此數位轉型的呼聲此起彼落，企業紛紛在尋找新的參考框架、成功案例與先進技術，期望能迎頭趕上甚或超前部署，以落實企業轉型、永續發展的重大戰略目標。

然而，科技在新經濟當中扮演的角色其實僅是手段與方法，不再是驅動的唯一力量。在新經濟數位時代當中，網路原生世代逐漸成為全球消費主流，此一族群不僅對於創新服務有著高度嘗試的興趣與勇氣，同時隨著各種服務的優化與演進，對於使用者體驗有著更高的標準與期待。因此，能迅速、有效滿足客戶期待的產品或服務，將得以在短時間於全球或當地市場竄升「爆紅」，其業務與使用者擴張的速度也能達到傳統經濟的千倍、萬倍以上；不過，如果無法持續有效維持客戶的黏著度、提升產品或服務的價值，以致難以持續滿足客戶需求與期待時，那麼，急轉直下的爆黑、終至乏人問津而須退場下市的厄運，也就不足為奇了。這種挑戰，是舊經濟

模式下企業並不擅長甚至做不到的。而其中的重要關鍵在於技術缺口，也就是我們常說的「科技債」。歷史不斷證明，用舊的技術很難打贏新型態的戰爭。

透過 MVP（minimum viable product）「最簡可行性產品」的開發，讓「從零到一」變成可能，加上雲服務的協助放量，更加速了從「一到一百」的成功。新創團隊的輕資產運作與迅速激增的用戶數，受到全球投資人的關注與肯定，也因此成功創造了許多超過 10 億美元估值的獨角獸。AWS 全球著名的客戶之一的 Netflix，就是在 2009 年放棄自建全球基礎建設，全面搬遷到 AWS 的雲平臺，而取得今日全球媒體串流龍頭廠商的地位。

黃齊元總裁是我多年的良師益友，身為國際知名的投資銀行家，在行業內推動股票上市、私募、企業併購與創投超過 30 年，實務經驗豐富，同時與 AWS 也有著多面向的戰略合作。本書內容從熱門的人工智慧技術進而討論到行業的應用與生態系建構，並列舉了許多成功案例，深入淺出帶領讀者解析如何在新經濟中結合科技找到組織的定位與戰略，可說是集黃總裁多年實戰經驗與趨勢觀察的大成。「網路無國界，世界為市場」，許多國際業者透過雲技術的進步與全球佈建全面改寫新經濟的戰術戰略之時，相信臺灣的產業也能受惠於本書，進一步在新經濟的布局中「看得懂、學得會、打得贏」。

（本文作者為 AWS 香港暨臺灣總經理）

結合人性的數位科技，
讓生活更美好

周建宏

　　數位生活，無處不在，應該是現今大多數人都深刻感受到的情境。尤其一場突如其來的新冠疫情，打破了過去的生活習慣，人們被迫保持社交距離，連原本抗拒改變的人，也必須接受運用數位科技，讓日常生活和工作變得更便利。然而，如果只有冷冰冰的科技，而少了人性的溫暖元素，無法讓生活更美好。所謂人性，其實就是使用者體驗。當數位科技能有效解決原本的痛點（Pain Point）和不便，或讓資源能被更精準地運用，甚至降低錯誤決策的機率，都能讓使用者感受到科技的價值，進而帶來美好的體驗；當這些美好體驗，超越了改變所引發的恐懼，轉型就會發生。

　　我認為好的使用者體驗，關鍵在於理解科技是為了解決使用者的痛點及不便；而在確實滿足使用者需求的情況下，才能真正提升使用者體驗。不了解使用者的需求，為了數位而數位化，不但無法真正解決問題，反而製造更多對數位應用的誤解，這也是很多企業數位轉型失敗的原因。

　　《從 AI 到 AI⁺》由不同領域的專家，從不同的場景深入淺出介紹數位科技應用，舉凡智慧城市、智慧零售、智慧金融等等，都是

在人們日常生活中經常接觸面向，且於現行模式中有著效率低落等問題的各種科技應用。一旦數位科技應用得當，將能大幅改善生活中的諸多不便。讀者可以透過本書清楚了解，數位科技如何改變生活，以及我們能如何運用數位科技來提高企業及自身的競爭力。同時，也呼應前面所述，科技唯有結合人性，才能使生活變得更美好；而站在企業的角度，也唯有了解客戶的需求，運用數位科技提升客戶體驗，才能真正達成商業營運轉型，強化企業韌性。

（本文作者為資誠聯合會計師事務所所長）

數位轉型勢在必行

楊弘仁

黃齊元總裁是我非常佩服的投資銀行家和創投家。

去年力邀黃總裁出任我們電商平臺新事業盛雲的董事長,在短短一年內,就成功帶領公司完成了許多重要的里程碑。

他以「數位轉型」作為策略的焦點,不僅優化了現有的 AI 平臺,同時加強和診所平臺會員的互動,類似美國亞馬遜 Prime 的模式。他以超凡的智慧和領導力,協助盛雲完成現金增資及和臺灣第三大連鎖藥局躍獅的併購,打造臺灣第一個真正醫藥行業 OMO(Online merge offline)平臺,並和母公司盛弘的生態系及外部策略夥伴緊密結合。

未來我將繼續仰仗黃總裁,從集團內部的生態系擴展到外部生態圈,成立「醫療數位轉型產業聯盟」MIDAS(Medical Industry Digital Alliance Symposium)。我相信他充滿經驗、智慧和能量的特質,將持續拉高並擴大盛雲和盛弘的格局。

臺灣的數位轉型勢在必行,我與各位讀者都責無旁貸。本書以「數位轉型」作為主題,在此關鍵時刻問世,實為吾人、社會與國家之福。謹此為序。

(本文作者為盛弘集團董事長兼執行長)

CONTENTS

PART 1　人性引領智慧

前言

2016 年，當時亞馬遜雲端運算服務（Amazon Web Services, AWS）大中華的總經理來到臺灣開會，聊起他們正在中國推動育成新創企業的「創新中心」（Innovation Center）。我詢問將其引進臺灣的可能性，經過了一系列談判，終於得到對方首肯，自此開始了我這幾年一系列關於新經濟的投資布局。

和 AWS 這樣的大公司打交道並不簡單，我直到 2018 年 3 月才順利安排母校東海大學及 AWS 簽署合約，成立全臺灣第一個「雲創學院」，推廣 AWS 認證教育；此後再接再厲，又在當年 8 月，成立「新北市 AWS －亞馬遜 AWS 聯合創新中心」，協助培育新創企業。由於我畢業於管理學院，深深感覺 AI 基本上和管理不能脫節，於是 2019 年 1 月又在東海大學管理學院成立「智慧轉型中心」，並親自擔任執行長，主要目的是希望結合 AI 技術與管理實務，並啟動一系列教育培訓和產學合作計畫。

2018 年 9 月到 12 月間，我做了一個大膽的嘗試，每週六在東海大學開設「智慧醫療」和「智慧服務」兩門課，上午和下午各三小時。這對我來說並不輕鬆，我不但是課程設計人，也負責邀請講者（許多是我的客戶）及相關費用，並擔任所有課程的講評。

我當時即深刻感覺到，AI 只是工具，重點是行業的應用——利用科技改變現狀。選擇醫療和服務兩大領域，主因是製造業非我強項，並不是因為它不重要。我當時即預見「AI 行業化」或「行業 AI 化」是未來趨勢，真正的關鍵在於「AI（技術）」和「行業 know-how」緊密連結，這需要「數位轉型」（Digital Transformation）。因此我從 2019 年 1 月起正式成立「智慧轉型中心」。

　　或許有人會問我，我不是理工背景，為何敢做這件事？因為我一開始就認為「數位轉型」絕對不單單涉及理工領域，更是管理問題。我碰到一些技術人才，問我很簡單的商業問題，表示他們對產業並不了解，也讓我更加確定「技術」和「商業」之間存在巨大的鴻溝，所以我才決定親自參與推動。臺灣產業需要積極「數位化、智慧化」，我將中心取名「智慧轉型中心」，說明我挑戰更高門檻的企圖心。

　　《從 AI 到 AI+》這本書即是此計畫的延伸，涵蓋更廣大的產業和生態系，包括金融、農牧等等；參與計畫的成員，除了東海的教授，也包括其他學校的教授，以及我的策略夥伴及客戶，算是比較龐大的工程。由於我平常業務忙碌，這本書拖了半年才出版，但期間全球和臺灣數位化已有許多進展，包括近期全球防疫作戰中，臺灣的「口罩地圖」得到了全世界的認可。

　　我在此要特別感謝所有作者，在百忙中為本書的付出。我的行動僅僅是讓大家朝一致的目標共同前進，但總有不盡完美處，應由我負起全責。無論如何，這本書是相關領域專家攜手為打造臺灣數位轉型生態系所做的努力，希冀達到拋磚引玉的成效，若能對讀者有一點啟發，並化為行動，我的心願就算達成了。

　　最後，我還要感謝我的家人對我的包容，以及我兩位最優秀的祕書 Shirley 和 Kerina 的協助，才能讓我在百忙之中完成這本書。

AI

以「人」為本的智慧科技，
如何讓改變的種子遍地開花，
澈底翻轉我們的生活、城市，
以至整個國家。

AI⁺

人性 智慧

引領

PART 1

智慧科技在臺灣

走在未來 50 年浪頭上的智慧風潮

陳鴻基

　　哆啦 A 夢帶著哆啦美第一次從任意門來到了 2020 年，這裡關於科技的一切都令他們感到很新奇。哆啦美想要買個口紅來打扮自己，她面對著琳瑯滿目的顏色不知道選哪一隻才好，此時哆啦 A 夢發現可以從手機下載一個玩美彩妝 App，利用 AR 即可模擬各式彩妝在臉上呈現的模樣，解決了哆啦美的難題。

　　之後，哆啦 A 夢開車載哆啦美回家。哆啦 A 夢一邊找車位一邊感嘆，在擁擠的臺北尋找停車位跟交女朋友一樣難時，哆啦美從手機下載了一款共享停車位 App，這款 App 可以將私人停車位最大化利用，並即時通知用戶哪裡有可使用的車位，於是哆啦 A 夢順利找到了車位。回家後，哆啦美舒舒服服地躺在沙發上逛網拍，她發現網拍上竟有 AI 聊天購物助理功能，只要與這個聊天機器人對話，聊天機器人就能分析哆啦美穿衣的風格及喜好，並自動為她推薦適合的衣服，讓哆啦美跟哆啦 A 夢讚嘆不已。他們不禁想：科技讓 2020 年的生活變得更智慧了！

　　隨著科技的進步、軟硬體通訊技術發展，各式各樣的科技名詞開始充斥在我們的生活當中，人工智慧（Artificial Intelligence, AI）、大數據（Big Data）、雲端（Cloud System）、物聯網（Internet of Things, IoT）、5G，琳瑯滿目的「科技」如浪潮般席捲而來，形塑了一個智慧科技（Intelligent Technology）的時代。因應數位創新浪潮，相關單位也積極推出不同政策方案，結合日益成熟的智慧科技，推動這股浪潮進入產業及社會各層面。在「大智移雲——大數據、智慧機器、移動裝置、雲端運算」電腦科技革命性發展的大海嘯下，智慧科技的應用即將席捲所有產業，也將直接衝擊我們每個人的日常生活與工作，進而改變未來 50 年的社會風貌與產經結構。

　　人工智慧成為物聯網與工業 4.0[1] 發展的核心之後，相繼出現了蘋果（Apple）iOS 系統中的 Siri、iPhone X 的臉部辨識系統（Face ID）、特斯拉（Tesla）的無人車；Google、微軟、蘋果等科技巨鱷企圖建構 AI 平臺生態模式，搶占整個產業鏈。AI 自此帶來無限商機的市場體驗。而在此無限商機的市場之下，同步帶動各式各樣「智慧科技」的應用，例如數據中心（雲端）、通信終端產品（手機）、特定應用產品（自駕車、頭戴式 AR／VR、無人機、機器人……）。在這一波波迎面而來的數位時代浪潮下，各種融入我們日常生活的「智慧科技」，又將帶來哪些智慧化應用與新服務，本章將進一步介紹智慧科技的優化服務體驗、價值創造及競爭力提升，以及對產業帶來的衝擊與風險。

---

[1] Industry 4.0，由德國政府率先發起，意謂著以智慧製造為導向的第四次工業革命，傳統生產方式轉變為高度客製化、智慧化和服務化的全新製造模式。

圖 1　智慧科技的組成

智慧風潮——科技始終來自人性

「智慧科技」，並非高不可攀的領域或名詞。事實上，撤去了演算法、感測晶片與應用平臺，智慧科技就是個組合名詞，意指三個要件所形成的系統或服務，三者相依並存：包含智慧分析、互動介面、服務設計（圖 1）。智慧分析指的是透過分析工具、軟體，從大量數據中挖掘所需資訊及知識，運用獲得的資訊達到智慧化服務效果；互動介面則提供系統與用戶進行互動、資訊交流，為結合用戶與硬體設計的相關軟體。用戶透過操作硬體上的互動介面，滿足需求與增進雙向交流；服務設計為顧客導向，核心目的在於解決顧客的問題，設計內容包括規畫全方位使用者體驗，從產品延伸至服務藍圖、體驗，甚至是生態。

而此三要素的整合應用，其實就是因應需求端的技術，透過創新科技來滿足各種新議題、新需求，並且利用智慧科技，在虛實場

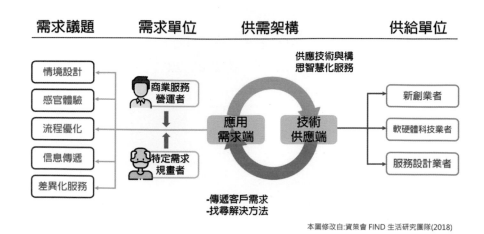

圖 2　智慧科技是解決需求端特定問題的技術應用科技
圖片來源：資策會 FIND 2018

域及客戶體驗的過程中，進行情境設計、感官體驗、流程優化、信息傳遞和差異化服務，進而達到刺激消費、引導學習、提升效率、改善顧客滿意度等效果。

　　智慧科技一系統的解決方案成型（圖2），從需求議題開始，從「以人為本」的精神出發，涵納情境設計、感官體驗、流程優化、信息傳遞和差異化服務，並在傳送的過程中，由服務營運者和需求規畫者進行統合，滿足各面向需求。技術供應端方面，由不同的關係利害人提供，包括軟硬體科技業者、服務設計團隊、構想提供者及新創團隊。換言之，不同的需求透過仲介商──服務營運商、需求規畫商等──將合宜的技術盤點整合後，提供給需求者，使需求得到滿足。

　　2014 年底，電商巨頭亞馬遜（Amazon）推出的智慧音箱「Echo」，便是具有情境設計、感官體驗、流程優化、信息傳遞和差

異化服務等多項功能的產品,「Echo」成功打入消費者的家庭,也掀起全球智慧家庭市場熱潮。隨著智慧音箱(Smart Speaker)、虛擬／擴增實境(VR／AR),以及自動駕駛車系統的發展,智慧科技時代逐漸開展,全方位人機互動環境也成為我們生活的一部分。使用者在不需螢幕的情況下,也能夠很輕鬆地與系統溝通。這象徵了人工智慧透過自然語言處理與機器學習,讓技術變得更直觀友善、也更具操控性。

波士頓動力(Boston Dynamics)開發的雙足人形機器人 Atlas,已經掌握了體操的幾種標準動作——倒立、前滾翻、360 度轉體和空中跳躍劈腿,充分展現成熟的肢體協調與平衡能力;再加上視覺技術檢測的自動駕駛,以及人工神經網路的即時語言翻譯,這些智慧科技讓介面變得簡單且更具智慧,顛覆人機互動的新模式。

而市場熱潮,也加速了智慧科技的迅速發展。智慧語音產業鏈紛紛成形,各式各樣的居家機器人出現,以家庭照護出發,成為產業新星,並搶進智慧家庭市場;除了家庭之外,「智慧商務」成形,從無人機送貨、無人計程車到無人商店等「無人經濟」躍起;刷臉支付、智慧餐桌、智慧貨架的服務,更讓智慧科技開枝散葉,串聯起各種智慧應用,發展創新服務。

改變世界的智慧科技

眾多知名國際研究機構(F&S、Gartner、IDC、McKinsey、PwC、WEF)對新興技術的預測掃描,出現頻率最高的智慧科技技術分別為 AR／VR、人工智慧、機器人;其次為物聯網、3D 列印、無人車、區塊鏈等。當中大部分的價值創造集中在服務創新,形成

以服務主導的新經濟體。接下來將從「以人為本」出發，探討智慧科技下服務的創新及契機，同時介紹 AR／VR（沉浸式科技）、機器人、行動物聯網、人工智慧、區塊鏈等智慧科技。

（一）AR／VR（沉浸式科技）

沉浸式科技（Immersive Technology）是一種利用互動科技工具，讓使用者的感官體驗融入虛擬環境，短暫抽離空間、時間、行動或注意力等感受的技術。沉浸式科技的技術可分為：虛擬實境（Virtual Reality, VR）、擴增實境（Augmented Reality, AR）和混合實境（Mixed Reality, MR）等。虛擬實境（VR）科技透過電腦模擬 3D 空間，使用者配戴相關硬體裝備，能身歷其境般體驗高度真實感的虛擬空間；擴增實境（AR）科技是在現實空間結合虛擬物件，透過鏡頭辨識技術與程式，當鏡頭對到相應位置，便在畫面中出現虛擬物件；混合實境（MR）科技是結合虛擬和現實空間，虛擬物件與現實物件並存，並與使用者即時互動，難以辨別虛實。現今已將沉浸式科技運用於產品技術及服務應用，讓消費者體驗全新的虛實感受。

最早的沉浸式頭戴裝置發表於 1968 年。發展至今，在影像品質與人機互動介面技術的突破下，擴增實境類手機遊戲「精靈寶可夢 GO」（Pokemon Go）在 2016 年掀起全球熱潮，大大提升了 AR 的知名度，並深獲消費者青睞。而隨著 AR／VR 相關領域業者增加、技術與成本持續突破、產業鏈日趨完整、產業環境更加健全，以及對應的平臺、軟硬體設備等逐漸完善，未來 AR／VR 將更廣泛地應用在影視、遊戲、廣告等娛樂產業，或是醫療、軍事等專業領域，例如建立虛擬空間進行軍事作戰、射擊訓練，亦可透過 VR

本圖修改自:Digi-Capital,2018；TalkingData：2016年VR/AR行業熱點分析

圖 3、VR ／ AR 相關領域業者

資料來源：Digi-Capital, 2018；TalkingData, 2016

呈現身體內構造進行模擬手術（圖3）。

　　沉浸式科技有利於提升消費者的商品體驗和服務品質。而適合沉浸式科技服務的產品，大多屬於「高涉入型」、「深度體驗型」、「影音娛樂型」產品。「高涉入型」服務單價高，決策流程較長且複雜，例如汽車、房產、家居擺飾等等。透過沉浸式科技能模擬消費情境，輔助消費者感受商品，進而降低購買風險，應用型態包括VR 展銷、360 度觀看商品；「深度體驗型」則涵括觀光旅遊、運動賽事、博物館導覽、遊樂園，以沉浸式科技提高展演的附加價值，增加服務記憶點，應用型態為多維度空間展示、遊樂園體驗、運動賽事直播；「影音娛樂型」產品數位化程度高，包含電子商務及線上線下 O2O（Online To Offline）的零售業者，運用沉浸式科技創造整合式體驗。

案例 1　勞氏打造家居裝潢新體驗

　　美國大型 DIY 居家裝潢材料連鎖賣場勞氏公司（Lowe's），與微軟共同進行「HoloLens」計畫，讓顧客在選購需要的建材、零件前，透過 AR 裝置智慧型眼鏡 HoloLens，體驗重新裝潢的虛擬設計影像。勞氏的店內導航 App「Lowe's Vision」能測量平面，例如地板、天花板和牆壁，讓消費者進行可視化操作，同時計算更換磁磚或地板材料所需費用。消費者能在平板電腦上選擇喜歡的居家裝潢，接著戴上虛擬實境裝置，進入自己設計的居家環境中；工作人員則從旁即時變更內部設計，協助顧客的裝潢新體驗。

案例 2　數位試妝翻轉美妝零售新商機

　　「玩美彩妝─美妝自拍相機」是專為女性打造的 App，利用 AR 虛擬試妝技術行銷全球，每月創造達 11 億試妝次數。App 利用自動臉部偵測技術，進行眼、鼻、唇等全臉彩妝，並支援細微調整及顏色挑選。使用者完成虛擬試妝後，還可點選購買鍵，連上品牌網站下單。該系統整合創新的虛擬彩妝應用、自拍美化、美妝時尚社群與行動商務，打造創新使用行為模式，成為美妝市場新型態行銷工具，同時積累龐大用戶群和體驗資訊，翻轉商業思維、活絡市場並創造新商機。

案例 3　亞馬遜推出 AR 購物新體驗

　　2017 年底，亞馬遜的 App 推出 AR View 新功能，用戶可以通過手機鏡頭，將感興趣的的網站商品虛擬放置在自己家中，測試商品在家中或辦公室裡的擺放效果。AR View 可支援上千款商品，包括室內裝飾、家用電器、辦公用品、玩具等，消費者從亞馬遜 App 上瀏覽商品，點選感興趣商品，並將畫面移至對應位置，若滿意擺設效果，即可放入購物車結帳。這項功能讓消費者更容易挑選合適的商品，提供更好的購物體驗。

（二）機器人

　　機器人一詞，最早出現於 1920 年捷克科幻作家的小說《羅索姆的萬能機器人》，原文作「Robota」，後來成為全球通行的「Robot」。「Robot」意指透過計算機編譯後，能自動進行一系列複雜動作的機器。至今機器人仍具有廣泛的意含，包括實體工業的「自動化」（Automation）到軟體（或協助網路行為）的「Bot」；用途上也分為「醫療用」、「軍事用」、「工業用」、「教育用」、「運輸用」、「救災用」等不同功能的機器人。依發展情況，涵蓋三大重點機器人：「服務型機器人」（Service Robot）、「無人機」（Drone）和「聊天機器人」（Chatbot）。

　　國際機器人協會（International Federation of Robotics）將「服務型機器人」定義為「透過半自動操作或完整設定，自主執行服務或協助人類的機器設備，但不含製造、加工、組裝或銲接等工業用途行為」，這當中又分成「專業用服務機器人」（Professional Use）與「個人／家庭用服務機器人」（Personal／Domestic Use）兩種。專業用服務機器人用於國防、農業、醫療等專業領域，例如地雷探測機器人、伐木機器人、手術機器人等；個人／家庭用服務機器人則以協助居家生活為目標，例如掃地機器人、保全機器人。在全球人口快速老化的現況下，政府和企業都紛紛投入機器人研究開發，進一步尋求服務業勞動力不足，以及提供老年人照護需求的相關「智慧機器人」解決方案。

　　「無人機」是人為遙控或電腦操控的無人移動載具，正式名稱為「無人飛行載具」（Unmanned Aerial Vehicle）。無人機最早為軍事用偵察機，近年來許多非軍事用途的無人機相繼出現，依大小與飛行距離可分為「小型無人飛行載具」、「微型無人飛行載具」，亦

依用途分為「商業用」及「個人用」。

「聊天機器人」是一種軟體程式，透過對話、聽覺或文字與人交流互動。1966 年，麻省理工學院（MIT）人工智慧實驗室即研發出名為「伊萊莎」（ELIZA）的機器人，被公認是最早出現的聊天機器人。它能透過幾個固定腳本理解簡單的自然語言、分析文句構造，並產生類似人類互動、回答問題的模式。至今聊天機器人已被廣泛運用，透過對話系統達到目的。在後 App 時代，使用者習慣集中使用某些特定的 App，例如 Facebook 的 Messenger、WhatsApp、LINE 等通訊軟體，大部分企業也透過這些通訊軟體與消費者聯繫、互動，並以聊天機器人提供 24 小時即時問答服務，快速回應消費者需求。

臺灣的工業型機器人已進入成長期，而服務型機器人仍處於研發期。由於臺灣社會結構高齡化、勞動人口降低，目前已有不少標竿服務型機器人與模組被應用於各服務產業，例如由鴻海與日本軟銀共同研發的服務型機器人 Pepper、華碩開發的家用陪伴型機器人 Zenbo，以及矽谷新創公司的 K5 巡邏機器人等。除了軟硬體開發的產業鏈之外，整合應用上仍需持續創新，因此結合服務產業知識與自動化的跨領域人才，將是服務型機器人能否持續應用於市場並產生價值的關鍵。

無人機商業用途市值穩定增長，過去臺灣的無人機出貨規模難以擴大，直至 2016 年臺灣無人機產業（含個人用與商業用）整體出貨產值僅 0.56 億。然而，隨著高單價商用無人機需求提升，臺灣業者逐漸將焦點轉往專業型商業用市場，鎖定特殊垂直領域、發展高價的軟硬體解決方案，並以商業客製化需求作為發展重心。

在通訊軟體中，臺灣的 LINE 與 Messenger 用戶活躍率都高

案例 1 蛋形機器人保衛你我安全

　　騎士視界（Knightscope）是美國矽谷的一間新創公司，他們研發出的同名機器人可跨界室外，成為稱職的巡邏保全。Knightscope K5 為身高約 150 公分、重達 136 公斤的蛋形機器人，移動時速可達 3 公里，身上裝有多個 360 度高解析相機及多種感測器，並裝置 4 個麥克風與人臉及車牌號碼辨識功能系統，一旦發現可疑現象便會自動通報警方，並擷取相關影像、數據與警報系統聯網，雖並無配備任何暴力或武器設施，卻能為警方提供破案線索與重要證據。

案例 2 30 分鐘貨到你家──Prime Air 無人機

　　亞馬遜「Prime Air 無人機」宣稱提供會員 30 分鐘內到貨的專屬物流服務。無人機使用空中飛行路線運貨，保證物流不塞車。亞馬遜無人機送貨服務計畫於 2013 年啟動，並於 2016 年在英國完成第一次送貨，尚在評估選定地區開展業務。採用此服務，可有效處理 87％ 的商品，根據亞馬遜評估後表示，在約 9.6 公里範圍內運送約 2.3 公斤內的包裹，透過無人機只需新臺幣 3 元的成本，與人工物流成本相比便宜許多；優比速與美國最大連鎖藥局 CVS 已開始展開無人機運送處方藥物的服務；聯邦快遞則（FedEx）與 Google 開展無人機業務合作。

案例 3 足不出戶的 24 小時銷售專家──克蘭詩的 Chatbot

　　國際保養品牌克蘭詩（Clarins）開始透過 Chatbot 提供智慧服務，不僅應用於客服，更是行銷業務專家，只要設定機器人的基本對話腳本，即可提供消費者直覺模組選項。此外機器人亦會主動推薦新品，透過線上互動給予消費者折扣優惠，並引導消費者前往實體門市消費。

達 50 ％以上，其中 LINE 更高達 85 ％的普及率。透過 LINE、Messenger 的聊天機器人進行相關服務或行銷活動，不僅可行性高，一旦每個粉絲專頁都導入聊天機器人，最高能節省 70％的人力回覆成本，效益相當可觀。

根據勞動部缺工統計可看出，長期缺乏勞動力產業首位即是服務業，而且恰恰是第一線客服人員。在勞動力缺乏的情況下，聊天機器人已成為新生代服務業熱愛的解決方案，不少新創團隊投入聊天機器人，並於市場中快速發展。其關鍵在於擁有技術及行銷專業的整合性人才，而進一步則是加強產業的 Know-How，才能為不同的企業品牌設計出智慧且人性化的服務。

（三）行動物聯網

2014 年，Mobility of Everything（MoE） 的 概 念 由 EMEA Performics 執行長 Fred Joseph 率先提出；電氣與電子工程師協會（IEEE）則將 MoE 定義為：「泛指任何可聯網、幫助或輔助解決生活問題的移動設備，包含智慧型手機、無人車、穿戴裝置或任何智慧型感測器。」行動物聯網的出現主要來自大眾消費習慣改變。例如便捷的無線網路，人手一機的行動裝置可完成食、衣、住、行、育、樂等各種民生服務與資訊檢索，物聯網逐漸以手機為核心，搭載大數據技術與分析，發展相關的內容應用。如此一來不僅重新建構產業生態系，也轉換了接觸消費者的管道，應用在商業上的服務更趨多元。

新興智慧裝置或新技術是以消費者為核心，從三個關鍵要素去思考、設計行動物聯網的應用及服務：

AI »»»»» AI⁺

行動物聯網的關鍵三要素——
『數據說話：透過智慧裝置蒐
集到目標消費族群行為資料，
找出有意義的價值訴求。
場域畫布：建立虛實領域的互
動空間，打破實體區域的限
制，創造新體驗。
科技溫度：導入創新的服務流
程，融入當地文化的直覺式科
技服務。 』

案例 1　阿里巴巴進軍「新零售」

阿里巴巴馬雲將 2017 年訂為「新零售」元年，不再單靠雙十一創下的紀錄，與亞馬遜不約而同雙雙進軍實體零售通路，第一站便是在電商表現較弱勢的生鮮超市，創立「盒馬鮮生」新零售模式。翻轉傳統超市的客群，打通線上線下的銷售模式，融合生鮮食品超市、餐飲、電商、物流配送，將傳統超市的單一購買行為，轉變為邊吃邊選購的體驗模式。消費者透過條碼掃描購物或查詢商品資訊，後臺便能即時計算熱門商品，並透過行走於天花板的物流服務，實現 3 公里內只需 30 分鐘的配送服務，突破空間限制，融入真正的虛實整合服務，透過科技打造嶄新的消費環境。不過 2019 年，盒馬鮮生在經營上遇到瓶頸並關閉一家分店，原因應和過於快速擴張有關，不過走出新零售模式仍是當前業者必須思考的道路。

案例 2　共享停車位──智慧地鎖解決都市車位新方案

「開車載家人去餐廳吃飯，抵達門口後讓家人先下車，自己去找停車位，好不容易找到車位走進餐廳，卻發現主菜都已經上完了。」、「每天上班，要先在公司附近花 15 分鐘找車位，所以要逼自己早 15 分鐘出門，不然一定會遲到。」無論如何，找停車位已經成為都市人的一大困擾。「USPACE 停停圈－智慧共享車位」主打「停車位的共享經濟」服務，將私人的空停車位提供給需要停車的人；有車位需求的人也可以透過 App 搜尋附近的空車位，並開放預訂，確保有車位停放。2017 年，透過 App 藍芽操控的智慧地鎖專利技術[1]上線後，臺北市區內的停車位數量迅速竄升，目前已有超過 1500 個車位登記，其地鎖效益更吸引各大廠如遠通 E-tag、中華電信、特斯拉及 Audi 前來洽談合作，目前已確定與分眾傳媒及中華電信合作，被臺北市列為停車位共享指標之一。

---

[1]　智慧地鎖的晶片專利技術來自中國的丁丁停車，地鎖的控制、驅動和電源及外觀為 USPACE 自行研發，為一種機械裝置，用於防止他人占用自己的車位，又可讓自己的車隨到隨停。

圖 4-1 廠域採用機聯網技術將跨廠區
整場即時生產資訊整合的應用

圖片來源：盈錫精密工業股份有限公司

圖 4-2 金屬加工產線採用六軸機器
手臂整合機臺的自動化單元

圖片來源：盈錫精密工業股份有限公司

（四）人工智慧

人工智慧（Artificial Intelligence, AI），意指透過訓練機器，使其擁有與人類相同的思考邏輯與行為模式，內容包含學習（大量讀取資訊，並判斷何時使用）、感知能力、推理（運用已知資訊做出結論）、自我校正及操縱或搬移物品。

愈來愈多企業投入資源發展 AI，在新創業者之外，超過半數的既有企業也希望透過 AI 改善服務流程。例如亞馬遜在併購物流管理機器人 Kiva System 後，相較於原本人力管理需耗費 60 至 75 分鐘，Kiva 機器人只需花 15 分鐘；即便倉儲存貨量增加達 50％，管理費用仍下降了 20％，亞馬遜並因此得到近 40％的投資報酬率。Netflix 也透過人工智慧演算法，對其近 2 億名訂閱者以個性化方式精準推薦影片；精準度提升，即可避免用戶取消訂閱而造成近 10 億美元的損失。

人工智慧有賴於精準且有效率的執行，從演算法到硬體規模都很重要，而競爭關鍵就在於硬體與應用服務的整合能力。

人工智慧的應用範疇持續擴展，衍生商機也日趨多元。其中以 AI 聊天機器人最被看好，亦有助於各產業專業知識自然語言處理，以及深度學習的相關應用。建議朝向解決用戶問題及提供更佳體驗為目標深入發展，展現人工智慧的價值。

（五）區塊鏈

區塊鏈（Blockchain）的概念最早出現於 2008 年，由 Satoshi Nakamoto（中本聰）發表的論文〈比特幣：一種對等式電子現金系統〉（Bitcoin: A Peer-to-Peer Electronic Cash System）所提出。區塊鏈是比特幣的底層技術，為一種具數位化、分散式、去中心化的公眾

人工智慧 1　90 秒拍賣——Tophatter 的 AI 優化購物體驗

　　電商逐漸走向遊戲化、強調即時性，美國新型電商平臺 Tophatter 推出「90 秒拍賣」，商品上架後，消費者僅有 90 秒時間可競標。這種方式也提升了線上購物的娛樂性，引導消費者自發向親友分享獨特的購物體驗。消費者在平臺上瀏覽各式新奇商品，下單、到貨後，買家回覆是否收到商品，並在系統引導下對商品評價，無論在物流、支付等面向上都是流暢的購物體驗。Tophatter 的賣家每週約售出 5 千至 1 萬件商品，平臺運用動態自動選品的演算系統，根據消費者瀏覽和消費行為數據，分析及預測可能購買的產品，推薦不同的產品給不同客戶，成交率高達 85%。

人工智慧 2　只有你能用的洗髮精——演算法打造你的專屬髮品

　　紐約頭髮護理品牌 Function of Beauty 為顧客提供客製化髮品。顧客只需到官網花兩分鐘填寫資料，Function of Beauty 會運用演算法，依顧客提供的資訊找到專屬配方，並根據配方客製化顧客專屬的洗髮精和護髮乳。

人工智慧 3　Lily——妳的 AI 私人購衣助理

　　「Lily」是 Facebook 和美國梅西百貨（Macy's）共同開發的一款個人化購物 App，目標是協助女性消費者尋找並購買好看又合適的服飾。Lily 會透過聊天來了解使用者偏好的穿著風格，進而向使用者推薦適合的服飾並說明原因。Lily 會隨著與用戶更多的交流，持續學習與累積，讓推薦商品更符合使用者的需求。

電子記帳資料庫，隨著完成「區塊」（最近的交易）而按時序不斷「鏈」增長的技術。

區塊鏈的發展歷程大致分為三個階段：區塊鏈 1.0 為數字貨幣時代，主要發展比特幣及其他虛擬貨幣的應用；區塊鏈 2.0 在區塊鏈的基礎上發展智慧契約，能自動執行合約條款，應用在貨幣以外的金融領域或資產相關的註冊、交易，例如產權登記與轉讓、證券交易等；區塊鏈 3.0 發展出更複雜的智慧契約，超越貨幣、經濟與市場活動，跨足各領域，例如身分認證、公證、物流、醫療、投票等。

隨著比特幣等加密貨幣備受投資人矚目，區塊鏈衍生的應用也逐漸受到關注，例如：金融交易結算、資金移轉、保險、證券等，以及包含資格認定的智慧型合約、有價資產登錄和票券。

智慧契約為區塊鏈中一種將合約自動化的過程，提供驗證跟執行智慧契約所需遵守的條件，智慧契約便運用程式碼函式與其他合約進行互動、做出決策、儲存與執行等。然而，這些交易皆具備可被追蹤、無法竄改與不可逆的特性，這也讓智慧契約能在無第三方監督之下，進行安全的交易。智慧契約是由創建者來定義，由區塊鏈網路執行來建構，其中的條款及相關訊息均依循合約設定執行。目前智慧契約的應用領域包含身分認證、金融貿易、所有權歸屬、保險、供應鏈及醫療照護領域，前景相當可期。如今，商業應用端如資案驗證問題已有所突破，尚有相關行業標準與相關制度規範等需要克服。

市場極需支持區塊鏈技術應用的監管改革，否則創業者和資金難以擁有該技術。在區塊鏈發展議題上，則因不同底層技術各有其發展主軸及優勢，技術上的歧異尚待克服，且為因應客製化及隱私

兩方面需求，如何整合不同協議的私有鍊與公共鍊，亦仍待探討；至於跨領域的應用上，產生資產轉移、資料交換，也需要透過第三方協助。如今正是市場各方玩家，包括監管方、投資人、新創團隊等攜手建立共識制度的契機，例如在 ICO（Initial Coin Offering，首次代幣眾籌）中設立信評機制、交易規則、懲戒手段等措施。

智慧科技下的創新式服務

（一）AR ／ VR（沉浸式科技）

沉浸式科技生態系逐漸完整，硬體發展占優勢，軟體應用重點則在內容與設計，應用領域雖漸趨多元，設立明確創新的商業模式也更具挑戰性。儘管專案型需求仍大於常態型需求，但發展常態型應用服務，商業模式仍是關鍵。多數服務產業業者最關心的，除了沉浸式科技帶來的效益之外，其維運成本及易用性問題，也是業者考量是否導入的關鍵要素。

（二）機器人

軟硬體開發有穩固且強力的產業鏈，整合性人才將是影響此產業的關鍵要素。機器人在各領域的應用仍處在萌芽期，如能抓緊服務需求，建立更人性化的機器人，即可創造高價值體驗。服務型機器人的發展：可以協作輔助型機器人為首要發展方向。服務業從業人員無須擔心被機器人取代，反而要擔心機器人協助不成而衍伸的負擔。此外，親民化的價格和商業模式更是採用的關鍵；無人機的發展：在無人機進入商用領空的責任與保險未獲完善規範前，物流業者將不會貿然投入；聊天機器人的發展：可有效提升第一線客服

人員回覆問題的效率。但如何讓回覆更擬真，強化對消費者的體貼感受，是服務業者所期待的。

（三）行動物聯網

　　各領域解決方案著重於應用端及跨產業的整合，並以消費者需求為設計核心，翻轉應用服務的新商機。行動物聯網的服務應用面向多元，有機會發展出破壞式創新服務，沖淡行業的傳統邊界，改變原有的商業邏輯。但傳統服務業者如何適應這樣的變革，仍是企業主要課題。

（四）人工智慧

　　人工智慧為優化顧客體驗的關鍵技術，數據與 AI 技術的掌握度，將成為能否翻轉商業模式的契機。資料易取性提升將大幅提升企業採用機會，但企業自身資料掌握度不高，因此資料取得的完整性、安全性、合理性，都是企業主面臨的難題。

（五）區塊鏈

　　價值鏈發展趨勢由硬體轉為以服務為核心，藉此提高整體應用價值。未來技術知識更臻成熟後，將帶動跨領域衍生新應用服務，同時兼顧安全性。區塊鏈代幣眾籌（ICO）相關法規仍不明朗，朝應用服務發展，臺灣廠商在規模與資源上均落後國際大廠甚遠，在底層技術發展上僅能追隨其後。臺灣的金融環境不一定能在短期內完備區塊鏈環境，策略考量應朝商務或公眾服務應用發展。新興技術往往對現行法規產生挑戰，區塊鏈應先建立與金融法規無衝突之應用試煉。

區塊鏈1　運動賺「汗幣」──區塊鏈虛擬貨幣應用

　　「汗幣」（Sweatcoin）為英國新創公司於 2017 年推出的走路賺錢 App。顧名思義，用戶即是透過汗水來賺錢，App 可以記錄走路、跑步的步數，每一步支付 0.95 個「汗幣」；累積到一定汗幣還可兌換商家提供的商品或服務，例如 5 千步能獲得免費的瑜珈課、1 萬 5 千步能換到品牌運動服。「汗幣」也結合 GPS 系統，用戶必須真正在定位上移動，才能成功轉換汗幣；這其實也是鼓勵用戶真正踏實地運動，養成持之以恆的好習慣。

區塊鏈2　智慧鎖──開啟閒置資產的賺錢商機

　　來自成立於 2015 年的德國公司 Slock.it 的構想，用戶透過「智慧鎖」（Slock）設定專屬的「智慧契約」（Smart Contract），確認保證金和租借費用後，就能將自有的實體資產上鎖，並開始出租、分享、銷售該實體資產，讓這些閒置資產為個人和企業帶來額外收入。

　　使用者支付虛擬貨幣保證金給智慧鎖後即可開鎖，使用結束後，Slock 系統會從保證金中扣除租賃費用，將餘額歸還使用者，租賃費用則會直接付給 Slock 用戶。以上過程直接在區塊鏈上自動化實現，並未經過任何中介。未來將提供 App 供用戶下載，可以透過物品的公鑰（ID）、持有人姓名、輸入地址或 QR Code，得到智慧契約的公鑰地址，進而找到物品進行租借。

區塊鏈 3　智慧保單——用智慧合約完成跨國核保

　　美國國際集團（American International Group, AIG）是一家國際性跨國保險金融服務機構，總部位於美國，2017 年跟 IBM 及渣打銀行攜手打造區塊鏈智慧保單，輕鬆完成跨國核保作業。過往跨國核保作業非常繁瑣，因為涉及各國不同的保單條款與系統；如今智慧保單可以有多方參與者，共享即時保單資訊，減少龐大的處理成本。而且用戶不論在國內外支付保費，均會自動通知關注此份保單的參與者，並根據參與者提供的憑據來判斷保單的可視範圍。因此任何人都無法在缺乏共識的情況下，隨意更改或刪減紀錄。也因為智慧保單如此高度透明化，亦可減少保險過程中的詐騙與錯誤機率。

（六）展望

　　智慧科技未來將包含：**新興科技產業及體驗科技核心產業**，設計以服務為核心的支援產業，並商業應用到各產業，形成具備商業模式的產品和服務。

　　軟硬體產業鏈結構待整合。目前國內智慧科技可應用的相關硬體元件供應鏈與生產能力非常完整，但軟體應用與開發僅有 AR、VR、Chatbot 與行動物聯網具備一定的創新與研發能量，機器人、人工智慧與區塊鏈之相關軟體的解決方案稍顯不足。

　　商業價值展現仍需資源整合與服務應用創新。現行成熟且應用於服務業的智慧科技，以 AR 與 Chatbot 較有商業價值效益，大部分 VR 應用與機器人服務多數仍限於行銷宣傳，尚無長期經營的商業模式。IoT 相關智慧裝置在成本上已十分親民，還可協助服務業進行更智慧且數據化的管理，但仍需仰賴大廠資源方，才有機會發展出新型態的商業模式。人工智慧及區塊鏈目前仍著重在支援性

質，以提供更優質的服務為主，尚未進入商業價值階段。

　　服務產業導入智慧科技的主要門檻，在於臺灣的服務業有近七成為中小企業。儘管可將部分資金導入智慧科技，也會止步於培育或聘用具智慧科技與產業 Know-How 整合的人才。因此需要政府資源挹注，並加強法人產業知識，才能培育相關跨領域人才、投入技術研發能量，以降低服務應用業者導入智慧科技時的風險。

智慧科技在臺灣

走出舊價值，擁抱新智慧

智慧科技指的是科技應用的生態系。相比單一科技應用，智慧科技生態系會全面顛覆人們的生活。隨著科技發展，各產業都在力拚數位轉型，打造智慧科技生態鏈。

綜觀全球科技大廠，如蘋果、Google、亞馬遜等，無一不在積極搶占、布局智慧科技市場。從這些科技大廠的發展策略能看出他們對人類未來生活的想像：智慧管家協助打點一切生活；使用 VR ／ MR 技術網路購物——衣服上身效果一目了然；網路下訂 30 分鐘後，無人機直接將商品送來家門口⋯⋯

相較於臺灣，中國在智慧科技的發展力道上強勁許多。2020年 2 月小米旗下企業石頭科技在科創版上市，上市首日股價狂漲80％。小米著名的商品「掃地機器人」，就是出自石頭科技之手。石頭科技是小米布局智慧科技生態鏈的一環，希望藉此讓消費者的生活更離不開小米品牌。

智慧科技的戰場看似很多，包含網路、媒體、電商、影音⋯⋯但實質上，企業競爭的並不是誰能在當中哪個領域成為冠軍，而是要整合所有商家、消費者需要的服務，提供完整解決方案。

個別產業因應智慧科技發展，將有以下發展趨勢：

一、網路媒體產業

消費者花在網路上的時間和支出倍增，而網路媒體公司應該加強服務其中的「重度使用者」，這些重度使用者的消費潛力遠高於其他人，他們花在媒體服務的支出是他人的 2.5 倍；時間則是 1.4

倍。此外，線下傳統電視節目逐漸式微，線上影片串流服務將是未來觀影主流。

二、社群媒體產業

使用者變得更重視使用體驗，使用的社群媒體也將更多元、分散。目前平均每人使用的社群網站是 5.8 個，預計 2023 年將增加到 10.2 個。

三、電子商務

電商成為單純整合買方和賣方的平臺。目前中國的淘寶或東南亞電商龍頭 Tokopedia 都採取這種發展策略，平臺並不扮演商家角色；相反地，平臺的重點將放在如何順利媒合買賣雙方。透過科技，媒合過程將變得更有效率。

四、穿戴式裝置

美國著名的 MR 新創公司 Magic Leap 估值達到 60 億美元，投資人包括 Google、阿里巴巴等知名大廠，同時微軟、蘋果也在積極開發自己的 VR ／ MR，投資金額令人咋舌。目前穿戴式裝置尚不普遍，但隨著邊緣運算、跨平臺協作的科技發展，未來穿戴式裝置將有更多發展空間。穿戴式裝置將不僅僅應用於日常生活，舉凡軍事、醫療、保險等領域都可能成為穿戴式裝置的應用場景。

綜合而言，智慧科技應用的重點即是整合 B2B 到 B2C。在智慧科技的未來，能直接接觸到終端用戶的企業才能真正創造價值。臺灣由於長年發展代工產業，代工思維深植企業，導致臺灣不敢挑戰終端用戶，發展空間備受侷限。2020 年，智慧科技發展方興未艾，臺灣是時候走出去，擁抱世界了。

AI >>>>>> AI$^+$

在智慧科技的未來，
能直接接觸到終端用戶的企業
才能真正創造價值。

智慧城市的基礎建設

各行各業攜手轉型，全民推動智慧城

翟海文

　　在未來的智慧城市中，早上出門可以搭共享直升機前往上班地點，相比過去搭乘大眾交通運輸，不僅很少塞車，通勤時間將縮減達一半！在通勤過程中，雖然直升機是無人駕駛，卻能透過車聯網判斷最佳行駛路線；路途中想喝杯星巴克，也能夠透過雲端即時系統，掌握店內顧客數量及預計等待時間。

　　如果天氣寒冷下雪，路面也能自動加熱車道，融化積雪，大大增加民眾外出的意願！地面下的水、電、通訊、暖氣等系統若故障，也能透過機器人進行自動修繕！到了公司，大樓利用人工智慧進行人臉辨識，門禁卡、鑰匙都不需要隨身攜帶即可確認身分了。下班後跟同事吃飯，走進店家可根據人臉辨識自動登入資料，再也沒有人拿出錢包，而且線上支付已經可以提供自動拆帳，不用再為了零錢或是誰要先付錢煩惱。在智慧城市中，所有過去生活上的痛點都被人工智慧、物聯網等技術一一克服。

「智慧城市」，是近幾年國際社會致力追求、實踐的目標。長久以來，人類對於「智慧」一直相當好奇，也為了追求智慧，持續提升知識、累積文化、革新技術。另一方面，拜物聯網、5G、人工智慧等各類科技發展所賜，隨之開展的智慧醫療、智慧交通等領域上的應用，輪廓也逐漸清晰。無論是傳統中小企業，抑或高開發能量的企業組織，皆期盼借助物聯網的技術，創造嶄新的應用或商業模式。不過要打造「智慧城市」、「智慧臺灣」，還得仰賴「智慧」的建立。因此我想先談談，「智慧」——這個人類最愛的詞彙，我們該如何實踐。

我認為人類對「智慧」一詞有所想像或期待，是從 2007 年 1 月蘋果發表第一支智慧型手機 iPhone 時開始。其中的「i」（intelligent）不僅代表跨時代手機革命，也同時象徵這個世界對「智慧」的期待——期待生活中遇見智慧、期待智慧帶來未知，甚至利用「i」來界定行銷學。由此可見，「智慧」絕對不只是一部手機，「智慧」不僅涉及哲學，更與「知識」有著極大的關聯性。

已知需要知識，未知需要智慧

知識的建立需要經過多重驗證（Justified），並且正確（True）及為人們所信（Belief），才能被認定為知識；經過觀察、歸納分類、分析、系統化之後，構成知識系統；透過驗證或解決曾發生的問題，而形成科學。然而，前述都是建立在**已知**的事物或資訊上，而對於**未知**，則需依靠「智慧」來判定。「智慧」是藉由過去已知的知識或經驗，尋求其中的相關或相似性，進而追尋未知的答案。因此，支撐智慧的是**邏輯**；要在毫無知識背景下就誕生智慧，幾乎

> 「當訊息（message）被賦予意義（meaning）後，成為資訊（information）；
> 資訊再經過整理後，才轉化為知識（knowledge）。
> 所謂知識，即是人類理解與學習的結果。」
>
> ——日本知識管理學家　野中郁次郎（Ikujiro Nonaka）

是不可能的事。

　　如今，我們正在發展的人工智慧，不就和當年人們追求「智慧」是一樣的歷程嗎？追尋未知、解決從未經歷的情境，正是我們在哲學與科學之間的探討，界定了知識與智慧。

　　過去我們判斷「智慧」，是依據一個人對事物能迅速、靈活、正確地吸納和解決的能力。智慧需要大量的知識與經驗累積，並在邏輯思考下，經過長時間訓練才能建立。這也考驗著人們對於知識的既有理解，以及解決未知問題或事件的能力。

　　人工智慧也來自同樣的判斷。人們將既有的知識注入電腦，考驗電腦如何透過知識與邏輯處理解決未知的問題；並期待在大量案例累積與長時間訓練下，電腦得以理解其中邏輯，找出事件之間的相關或相似性，進而輔助人們發現過去沒看過、沒想過的事物，甚至創造新的事物。

智慧城市的基本精神：效率！

　　有了智慧的定義與起源之後，如何將其概念與精神與城市融合應用形成智慧城市，將是智慧城市的發展關鍵。

　　至於**有形屬性**的組成，我想俏皮地以 LEGO 樂高玩具來舉例說明。在樂高城市系列中，城市基礎是由「建築物」、「人物」及「交通工具」三項組成，並透過不同組合，建構出各式各樣的行業別及服務。例如城市系列職業類中的消防隊，其中組合包括「消防局」

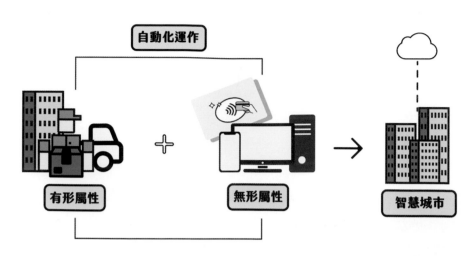

圖 1　智慧城市形成要件

（建築物）、「消防員」（人物）和「消防車」（交通工具）；或是轉角修車廠，組合包括「修車場」（建築物）、「技師」（人物）和「車子」（交通工具）。有形屬性的組成大多不脫離這三項。當然城市系列中，除了職業類還有**無形屬性**——娛樂類，例如民生、當地文化及人文特色等等。藉由樂高玩具，我們看見了各行業的縮影，而各式各樣的生活型態共同組成了一個城市的基礎。

　　在城市中，多元化的行業創造出不同的工作模式、服務與政策，人們也各自擁有不同的專業身分，享受在所衍生出的生活型態中。為了讓日趨複雜的城市得以有效率的運作、系統化管理，甚至在不同行業間建立起快速的交流，政府作為上層核心的角色相對重要許多。如何整體升級城市、如何將所有行業別（包括能源、公共設施、交通系統、城鄉規畫、醫療等）複雜的應用型態，以資訊化、系統化、流程化的方式提升效率，達到自動化運作，以在提供服務時帶給人們更便利、完善的服務品質。這就是智慧城市的基本

原則，以及持續追求的目標。

物聯網讓智慧化「被動」為「主動」

目前階段的智慧城市在談智慧或訓練人工智慧的方法，多半都只是將已知的訊息（Open Data，開放資料）公開給更多人使用。臺灣政府在過去 8 年[1] 中，累積了非常多的數據訊息。無論是政府或一般民眾，都希望這些訊息能透過第三方的觀察與運用，找出尚未被賦予意義的資料，並在我前面提到的歷程（觀察、驗證、歸類、分析為知識系統，加入第三方邏輯及對未知的判斷）中，成為具全新意義的資訊。

其中第三方的角色可以是任何人。任何人都有權閱覽、使用這些資料，因此不管政府、學界或民間都在大力推動，而這也是目前較落實推廣的智慧項目。第三方的角色需要主動連上開放資料平臺找資料，更進階的應用則選擇先將資料注入電腦，再利用電腦運算分析。但對於建構智慧城市來說，這些做法仍是被動的；相較之下，物聯網則可讓智慧的生成，化被動為主動！這是為什麼？請各位將注意力移向我們拜科學所賜所誕生的雲端運算[2]，這加速了整個過程。

---

[1] 2013 年 4 月 29 日，政府開放資料平臺正式啟用。

[2] Cloud computing，又稱雲計算，即通過網路按需分配運算資源。運算資源包括伺服器、數據庫、存儲空間、平臺、架構及應用等，即計算設備共享。

圖 2　智慧城市互動應用示意

　　在物聯網的應用中，訊息來源不再只來自開放資料，而是來自每一個人的貢獻：農作中的土壤、空氣訊息、使用電動車的電瓶電池或商業大樓的能源，手機也是可能的來源之一。

　　不同行業別在對自身的理解之下，了解所需蒐集與分析的數據，先行將感測器（sensor）置於數據產生處，使其不間斷地傳送有意義的數據。如此一來，智慧的生成過程就由被動轉為主動；這即是物聯網的數位化過程，藉由已知的知識與經驗，產生新的資訊。然而，這也導致了智慧城市數據來源的模糊化：誰是訊息的提供者、誰是服務的提供者、誰又是被服務者？當智慧城市日漸成熟，來源也愈來愈難界定。人們都期待獲得更好的服務，而其實自己也可能必須是訊息的提供者。

　　在智慧城市的發展中，物聯網被作為實踐數位化重要的概念與技術，也是實踐整體智慧空間循環運作的途徑之一。

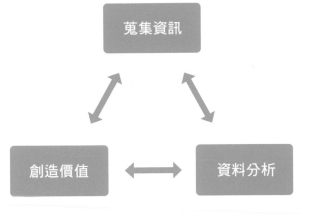

智慧城市主力戰將：物聯網的循環運作

　　透過物聯網的連線技術、新設備導入，蒐集過去無法蒐集到的訊息，並在專業領域內，透過邏輯分析與判斷，將各種訊息賦予新的意義，讓產業轉型或提升服務品質。如此一來，透過物聯網這三項基本能力，城市在數位化、智慧化的發展過程也得以加速進行。

　　從各行業服務主動由外而內的數位化升級，以及政府主導由內而外推動數位經濟的基礎建設，包括數位政府、數位身分、數位簽章等等，都是智慧城市實踐有形屬性的智慧化項目之一；相對地，在無形屬性文化面的智慧化，物聯網也扮演重要的推手，包括數位媒體流通、數位內容製造。智慧城市的數位化代表整體共同升級；現今人們所體驗到的便利與各種服務，背後來自各產業的努力與科技進步。

　　以半導體產業為例，經過這十餘年努力將晶片、元件等物件愈做愈小，成功壓低成本，3C 等各產品因而有能力與空間變得更成熟，且具備更高的效能。當然，不只是半導體帶動了物聯網的進

AI >>>>>> AI⁺

在智慧城市的發展過程中，
物聯網能實踐數位化的
重要概念與技術，
也是實踐整體智慧空間循環
運作的途徑之一。

展，在通訊技術、雲端運算、互聯網攜手快速演進下，傳統產業的數位化顯然不再遙不可及。

落實物聯網精神：
已知與未知訊息的結合過程

已知的資訊中，除了前述提及的開放資料，也包括企業中的 ERP（Enterprise resource planning，企業資源規畫系統），或原本即具備連線、數據蒐集、管理能力的設備。但這些並不在物聯網首要解決的問題範疇裡，物聯網的當務之急，是解決所有尚未具備這些能力的設備。

如前面提到物聯網的三大基礎能力（可連線、可蒐集數據、可被管理），物聯網的精神是已知與未知訊息的結合過程，而非一枝獨秀。

為了處理龐大的訊息和進行分析，雲端運算能力相對重要。我注意到新聞中時常出現有人為了挖礦[3]，因需要大量電力進行電腦運算而偷電導致觸法；可想而知，電腦運算在處理龐大資料時，需要大量電力、安全地點，以及運算能力所組成的空間。這也是雲端運算在智慧城市中扮演重要角色的原因。將散落各地的物聯網蒐集到的大量數據集中雲端，如同人類大腦在雲端進行運算處理分析，再將結果下放地面，這就是智慧城市的基礎建設。

近五年來，國內各界企業將資訊放置雲端的意願與接受度逐漸

---

[3] mining，指獲取數位貨幣的勘探方式，由於過程原理類似採礦故得名，勘探者也被稱作礦工。

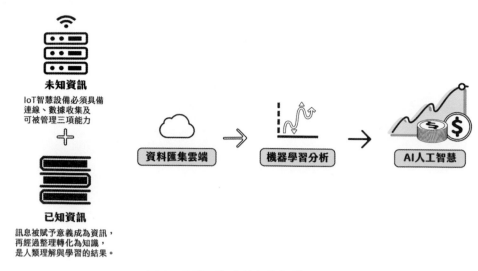

未知資訊
IoT智慧設備必須具備
連線、數據收集及
可被管理三項能力

已知資訊
訊息被賦予意義成為資訊，
再經過整理轉化為知識，
是人類理解與學習的結果。

資料匯集雲端

機器學習分析

AI人工智慧

圖 3　物聯網訊息轉化為智慧的流程

升高。儘管臺灣並非雲計算的技術發源地，而大部分的雲計算仍來自國際大廠提供的空間和工具。不過，臺灣具有很堅強的地面設備製造能力，可在產業追逐物聯網的三大基礎能力時，真正達到將所有資訊傳至雲端，藉由雲端大腦產生智慧、逐步建構智慧城市的目標。

市場上有相當多號稱智能或智慧產品，能支援遠端控制或作為行動 App 蒐集數據。但事實上那些產品頂多是「連網物」，並不足以稱作「物聯網」。原因是這些「連網物」的設計，僅僅符合我們定義物聯網的其中兩項：可連線、可蒐集數據；而要實現這兩項還須依賴行動 App 操作，無法獨立運作，因此無法實現第三項條件：可被管理。

要使數據得以被分析並賦予意義，就要具備持續不間斷的運作能力。但在某些情境應用下（例如農業土壤酸鹼值、環境空氣數

AI >>>>> AI⁺

並非能連線或遠端操控的都稱
物聯網、都是智慧。
訊息能否獲保存或經分析得出意義、
能否幫助各領域產生所需的新資訊，
這才是關鍵。

值），相當損耗效能且不符經濟效益。為了解決這個問題，近年市場對邊緣運算[4]的重視程度逐漸升高。

終端運算不僅解決了成本效能問題，也是第一個知識產生的來源。在混亂的訊息中，結合已知資訊並導入人類邏輯，透過終端運算進行初次運算分析與機器學習（machine learning），篩選汰除無意義的訊息後，再將初步結果上傳雲端，由雲端工具進行複雜的分析建立邏輯後，最終將更深層的結果與判讀方法下放至終端設備，持續循環，使雲端與終端相互學習，形成智慧。

跳脫框架，投資不再是 CapEx[5]

這是一個很特別的世代。新技術興起與物聯網誕生，降低了進入市場的門檻。在原本的競爭者之外，加入了一批初來乍到的挑戰者，他們帶來新的服務與好產品，市場排名也因而重新洗牌。就我的觀察，科技不只幫助新的挑戰者進入市場，事實上更多時候，這些新興行業的競爭者往往來自科技產業。

上一個十年，企業的努力轉型與投資是資訊化過程，支撐系統運作，例如導入 ERP，有系統地管理企業內部或行業知識，以及加速邏輯系統分析、提升效率；如今，企業要努力的是跳脫新的維度，將已資訊化的系統雲端化。使用靈活的雲端框架，才能因應智

---

[4] Edge computing，一種網路運算架構，運算過程盡可能靠近資料來源，以減少延遲和頻寬使用，目的是減少集中遠端位置（即「雲」）中執行的運算量，最大限度地減少異地用戶端和伺服器間的通信量。近年來，技術的快速發展使硬體趨向小型化、高密度及軟體的虛擬化，讓邊緣運算的實用度更加可行。

[5] Capital expenditure，指企業用於有形資產的支出。

慧化時代所產生新數據來源與大量數據。因此，企業需要改變投資思維。

在過去，科技投資大多被視 CapEx 對應營收的指標；但這波傳統產業數位轉型的科技投資，應該要在營運上具有更深的關聯性。物聯網技術導入，往往會使企業直接或間接進行商業模式轉型，甚至產生新的商業模式，創造更強的開發能量。因此，企業必須不計前嫌、更敢開心胸導入新技術；若是因過度追求營業收入而錯過雲端化時機，或採用不正確的技術結構以致支付額外成本，反而是本末倒置的做法。我認為，在當前市場變動劇烈的環境下，尋求一個可信賴、對新技術掌握度高的公司，更能支撐所屬行業走向智慧化的目標；同時形成夥伴生態，共存共榮，分擔產業智慧化過程中衍生的風險，才能走更長遠的路。

成就智慧城市，需要各行各業攜手努力

臺灣有得天獨厚的科技製造業，這些年在政府的鼓勵及各方推動下，軟體人才的培育逐漸看見成效，愈來愈多年輕人願意投入新創產業。正是在這樣的環境孕育下，誕生了許多優秀的新創公司（產業），我非常樂觀看待臺灣走在數位轉型升級的道路上，也相信這有助於加速未來智慧城市的建立。或許在一般人眼中，所謂升級轉型並未使他們對智慧產生切身的感受，但隨著最終智慧的基礎建設日漸完備，服務提供者與被服務者在無形中的互動與交流，將打造出更好的服務品質。

以飲用水為例，目前市面上各大飲水機中，無論是跨國或國產品牌，其商業模式仍是一臺飲水機為單位買斷的銷售模式。飲水機

「各行各業必須一起努力實踐數位化、雲端化，整個城市才能真正走向智慧。」

製造商從商品銷售出去的那一刻起，就不會知道消費者對商品的使用狀況，往往要等到消費者主動上門報修、甚至不滿投訴時，才得知相關訊息。如此一來，不僅難以維持服務品質，也無法得知消費者何種行為導致商品損壞。換作今日已具備物聯網能力的「智慧飲水機」，飲水機製造商的銷售模式可能截然不同！「智慧飲水機」能讓製造商了解商品運轉情況（是否損壞或需定期保養），也能計算消費者的飲水頻率及飲水量。此時租賃飲水機的銷售模式，或以計算消費者飲用水量收費的合約模式即得以實現，讓使用者對於飲用水品質感到安心之外，也減低了對商品後續維修的疑慮。

建立一個真正智慧的城市，需要每個行業一起努力。無論是投入數位化轉型的前輩們、新興行業在創新應用下產生的新訊息來源，甚至是人們日常生活中累積的各種訊息，有了這些才有隨後的龐大數據，並結合新一代工程人員運用新技術、新語言，給予雲端更強大的運算能力，轉為知識、產生智慧。

我相信、也期待著，接下來數年之內各類技術逐漸成熟、各領域提出更好的產品，並為了讓人們享受更好的服務而持續努力。屆時買賣將轉型為服務，共享經濟大幅進展，這就是人們期待的智慧城市——隨手可得、依使用量收費，不需擔心買賣所產生及後續維護費用的壓力，同時享受品質至上、資訊透明，也更便捷的服務。目前我們還處在尋求智慧的過程，但結合運用新的雲端基礎，持續創新應用，同樣的願景也必然可應用在智慧城市的各類空間與行業中，例如智慧醫療、智慧教育，甚至是電力運輸工具。為人們開拓出新型態的生活圈，創造精采生活，成就智慧城市。

智慧城市來自智慧市民

．．．

　　「智慧城市」是在 2012 年就被廣泛討論的議題。很多城市將智慧化與都市進步程度做出連結，但當時礙於技術尚未成熟，發展程度較有限。而在 2020 年的今天，我們有幸見證這個概念性的口號變成周遭常見的風景，數以百計的大都市正著手進行智慧化的改革、大型跨國企業也爭先恐後想在這劃時代的發展上留下自己的名字。

　　最廣為人知的，就是 Google 旗下公司 Sidewalk Lab 在多倫多東湖濱區規畫的「Quayside」智慧社區。但該公司在全面性推動基礎設施智慧化的過程中，忽略過度監控導致的隱私權議題，導致爭議不斷，並面臨不斷縮減規畫範圍、企業聲譽受損的下場。

　　在美國的俄亥俄州，一條名為 33 Smart Mobility Corridor 的智慧交通走廊提供了智能汽車發展的溫床。由俄亥俄州立大學規畫，並由知名企業如本田、雀巢、住友集團參與專案及投資，是結合智慧交通與汽車產業的最佳範例。同樣在美國的查塔努加州，EPB 電力公司以 3.3 億美元投資進行 600 平方英里光纖部署，透過線上結合線下智能監控，改善區域交通和公用事業效率，更是一則智慧城市的成功發展案例。

　　而在知名智慧城市如倫敦、新加坡、紐約、波士頓等蓬勃發展的同時，臺灣也不落人後。近年來臺北市規畫的 Taipei Smart City，涵蓋了落地與實驗性專案，包含 4U 綠能共享交通（u-Bike、u-Motor、u-EV、u-Parking）、智慧臺北車站（Taipei Navi）、智慧路燈、視訊 119、Wear-Free 高齡者安全偵測及健康管理實證計畫等，

更在 2017 瑞士洛桑國際管理學院（IMD）的「全球智慧城市指數」中拿下排名第七的優異成績。

我認為智慧城市是一塊大拼圖，在達成完整的藍圖與願景前，一塊塊的拼圖碎片即是一個個需要跨過的技術門檻。舉例來說，智慧交通仰賴自駕車系統的發展、道路數據蒐集等等，因此在實現交通智慧化之前，電腦視覺化的精確度、訊號延遲問題、感測器的開發，都是必須克服並具備的技術；又舉例來說，智慧建築仰賴數據的接收，而訊號接收器及接收後處理分析的過程，都將是一大難題。

在物聯網、5G 技術的發展下，「智慧城市」的框架日益明朗。我十分認同翟海文所說的，「物聯網讓目前智慧的產生過程化被動為主動」。原本需要人工去過濾、篩選、判斷哪些是有用的資訊，而現在訓練出的模型，將使資訊自行判斷哪些資訊可被利用！

總結智慧城市的發展趨勢，我為各位讀者整理出以下幾點：

一、智慧城市建立在資訊的蒐集與交換。

利用傳感器取得資料、藉由物聯網蒐集處理，並透過大數據分析，才能將無意義的「訊息」轉變成有意義的「資訊」。而目前智慧城市的規畫多由政府發包給廠商，在非由單一大廠承攬所有智慧城市的開發項目下，就十分仰賴廠商間資訊與數據的交流。例如自駕車蒐集到的交通數據，除了能應用在影像辨識技術的精進外，也能同時提供給智慧物流、車位規畫解決方案的廠商。

二、打造智慧城市，從打造智慧生態系開始。

「智慧城市」好比由數個「點」所構建出的「面」，要全面提

升服務，就要廣納不同的領域與技術，並串聯彼此，以打造智慧生態系為目標。當這個生態系日漸成長，「智慧城市」也就成形了。

三、智慧城市在發展過程中，絕不可忽略利弊的權衡。

傳感器的布置，其實就是一支支的監視器，在蒐集每個人的行動數據時，難免會有隱私權的爭議，一旦處理不妥就會招致 Sidewalk Lab 的下場。因此在發展智慧城市的同時，絕對要在數據蒐集與隱私權侵犯間取得平衡。

建立智慧城市，除了透過政府由上而下（top-down）推行政策之外，更需每個市民自發地由下而上（bottom-up）參與。全面智慧化的過程不只是政府執行政策，更要民眾打從心底認同與配合。民間與政府攜手、產業間彼此合作，共同描繪智慧城市的藍圖。

AI >>>>>> AI$^+$

打造智慧城市，
從打造智慧生態系開始。

智慧生態系打造新經濟

走向「同一個生態，千萬家公司」的新商業願景

黃齊元

生活在中國的阿平，在愈漸繁榮的城市裡，體會到科技在生活中所帶來的顛覆。而這樣的顛覆，大多帶有連動性，往往藉由一個企業的擴張而變成生態系，影響生活中每個面向。而對於阿平來說，阿里巴巴便是他生活中的生態系。

情人節快到了，阿平想要買禮物送女朋友，他拿出手機連上電商平臺淘寶，為女朋友挑選適合的禮物。選完禮物後，阿平可以直接用阿里巴巴旗下的支付寶完成付費。假使女朋友不喜歡這個禮物，阿平在退貨時也可以直接讓店家把金額退到支付寶，供下一次消費使用，十分方便。

情人節之後，阿平與女朋友商量後決定一起在淘寶平臺上開個小店，並想進行小額的融資，此時阿里巴巴的螞蟻金服成為他們最方便的融資管道。開店之後，阿里巴巴的雲計算讓阿平可以快速利用大數據掌握顧客的喜好及消費習慣，他的生意也因此蒸蒸日上。

阿里巴巴建築的智慧生態系，切切實實地存在於阿平的生活之中。

我們正進入一個新的時代，傳統的管理知識已不再適用，所有企業都要重新思考商業模式，把自己變成和「智慧」（AI）連結的公司，其中最重要的一個概念是「生態系」（ecosystem）。

生態系是什麼？

傳統上，我們的認知集中在「企業」本身，所以商學院以往的課程叫「企業管理」，但未來需要重新定位。過去十年，「產業」變成另一個關鍵字，哈佛商學院教授麥可・波特（Michael E. Porter）的「五力分析」[1]學說大行其道，但這也有盲點，因為是從製造業的角度分析事物，包括上游供應商和下游客戶。因此，已難以適應如今不再是上、中、下游產業鏈關係的世界樣貌；相較之下，生態系所擁有的不僅是企業原屬產業的客戶，甚至涵括不同行業，也可以異業結盟。

傳統生態系強調「產官學研」的結合，組成包括具有優良研發能力和師資人才的大學、某個或一群特定產業族群、相關的政府部門（通常和科技發展有關），以及具有豐富資源的研究機構。以美國著名的矽谷為例，就有柏克萊、史丹佛兩所大學、著名的蘭德公司[2]，以及蘋果、Facebook、惠普等數不清的大型科技和小型新創企業。然而，美國生態系的特色是完全由市場機制主導，並無政府機構參與；像臺灣工業技術研究院和一些外國機構，反而都有在當地派駐人才。矽谷生態系的另一個特色是資金鏈。全美知名的創技、

---

[1]　Porter five forces analysis，為麥可・波特於 1979 年提出的產業競爭與優劣勢分析模型。

[2]　RAND Corporation，美國的一所智庫，初期為軍方提供情報分析研究，而後發展系統分析，在電腦和人工智慧等面向做出重要貢獻。

加速器和天使投資人齊聚一堂，為產業提供豐沛多元的資金，並形成良好互動。

生態系不一定是以「企業」為中心，也有以「地理位置」為中心，矽谷就是很好的例子。臺灣在三十年前成立「新竹科學園區」，早已發展成真正的「亞洲矽谷」，同時帶動了臺灣的電子和科技產業，打造出完整的產業聚落；從上游到下游、從半導體到生技，成為亞洲各國學習仿效的對象，特別是中國。這幾年，中國的矽谷和創新基地也已出現，就在深圳，發展速度甚至超越了北京中關村。最近由於香港爆發抗爭運動，局勢不穩，中國當局還特別指定深圳為「中國特色社會主義先行示範區」，賦予重要的政治任務和定位，未來有可能成為粵港澳大灣區[3]中新的龍頭城市。

除了企業和城市，第三類生態系的打造是以「產業」為核心。舉例來說，臺灣近年積極發展生技產業，有望成為新的經濟成長引擎，至今已收得一定成效。另一個發展迅速的產業則是「離岸風電」，政府在其中起了關鍵性的主導作用。除了給予優惠政策，吸引國際大廠和民間業者前來投標之外，並以金融為手段，鼓勵「綠能債券」發行，讓金控提供大筆貸款支持風場[4]的建設。此外，還積極打造本土的關鍵零組件產業鏈，要求外國業者和本土業者合作，移轉相關技術，至今已取得一定的成就，整個生態系快速成形。令人驚奇的是，這些都是在短短兩、三年內，從無到有，趕工完成，發展速度遠勝於生技產業，可謂近年綠能生態系發展的代表作。

3　以香港、澳門、廣州、深圳四大中心城市為核心，又稱「9+2」經濟圈，為中國針對粵港澳地區提出的區域融合發展戰略。

4　2019 年 11 月，位於苗栗的首座海洋風場完工，海能、沃旭大彰化風場也將分別於 2021、22 年完工，將是綠色能源驅動未來經濟的新引擎之一。

生態系的形成，通常有以下幾個重要元素：

（一）多元：

生態系就像一個小宇宙，擁有不同的元素。因此，生態系不是同質性的群體，反而存在許多異質組成，這也是生態系和產業鏈最大的不同點。舉例來說，一個購物中心的生態系可能和其他電商平臺，或年輕族群所關注的社群媒體有緊密的合作關係。因為他們有共同的客戶，並對相同的事物有興趣。

很重要的一點是，生態系的形成必須遵循市場機制，而非採取中央集權計畫經濟模式。後者通常會失敗。以中國的高科技發展為例，十年前最常被提及的是北京中關村，然而近年深圳卻後來居上，取而代之。為什麼？因為深圳完全以民營經濟為導向，不管是臺資富士康、通訊設備大廠華為、互聯網巨頭騰訊，或是中國第二大民營金融機構平安保險，骨子裡流的都是創新及市場精神的血液。民營企業為何重要？因為它們依循的是市場機制，形成了眾人的共同利益和共同認知的大環境，而不僅僅代表某一方的特定利益。如果政府宣稱其利益超越各方利益，甚至成為上級指導單位，就會扭曲生態系的精神。

（二）開放：

生態系既然是遵照市場機制運作，就必須對外開放，不斷有新的成分、新的群體加入。全世界只有少數的封閉式生態系成功，例如 1990 年代的微軟 Windows、日本電信公司早期的 App 體系，還有蘋果以 iPhone 為核心的生態系。但這些生態系發展到後來，也不得不改變策略，例如現在已經可以在 Mac 上安裝 Windows，蘋果和

微軟的介面不再強調一邊一國；除了蘋果以外，最成功的開放式作業系統大概就是安卓（Android）了，全世界除蘋果以外的手機，絕大部分都屬於安卓陣營。

另一方面，有些企業儘管規模很大，卻在開發獨家作業系統時飽嘗敗果，例如微軟的 Bing、諾基亞（Nokia）當年的 Symbian，更不用說三星的作業系統 Tizen，根本沒有人聽過。也因為如此，當川普制裁華為時，除了高通的半導體晶片以外，另一招就是禁止 Google 提供安卓給華為使用。這明顯打中了華為的痛處。雖然創辦人任正非後來宣布華為有自己開發的「鴻蒙」作業系統，但也承認最大的問題，就是沒多少人以其為平臺進行開發。

在互聯網的世界裡，萬物互聯，沒有人能大到主宰全世界——即使大如蘋果和微軟。因此生態系未來走上開放之途，是必然的趨勢。

（三）連結與互動：

生態系很重要的關鍵字是「生」。唯有生態系成員彼此互相交換資源，生態系才能繁榮壯大。因此生態系的精神是「融合」（Convergence），而不只是單純的「結合」（Aggregation）；它就像海洋中的食物鏈一樣，是一個有機（Organic）的群體。好比珊瑚礁吸引魚群，魚群中有大魚、中魚、小魚和浮游生物，造就了整個食物鏈。

生態系成員的互動關係，通常是水平的，相當平等，沒有誰是對方的上級指導單位。企業可以和學校合作，創投和大公司可以連結新創企業，研發單位也可以移轉技術給民間；政府能做的，就是打造一個開放的環境，做好基礎建設（例如學校和研究機構），讓

所有成員自由交流，產生火花，不需刻意做什麼事。換言之，政府的角色是平臺建造者和交流推動者（Catalyst），但絕對不是管制者或遊戲規則制定者。

從這個角度，我們可以研究中國近年推動的「一帶一路」工程，其實它也是一個龐大的生態系。它的成功來自於開放與連結，但如果要更上一層樓，中國政府就不能過度干預。近年一帶一路飽受批評之處，在於中國提供貸款和資金援助給一帶一路成員國家，企圖在政治上影響彼此的合作關係。以世界銀行和亞投行（亞洲基礎設施投資銀行，AIIB）的經驗來看，財務援助雖是一種合作推動手段，但仍要遵守市場機制，才不會違反生態系的精神。

（四）創新：

生態系的融合，會創造進步的動能，帶動更多的發展、更快的成長，這是相輔相成的。

簡言之，生態系的靈魂在於「成長」與「改變」，這就需要「創新」的火苗。用傳統的封閉保守思維，生態系不可能進步、也不會成長，這是「新經濟」最重要的精神。國外近年講究「顛覆式創新」（Disruptive Innovation），以全新的思維和商業模式，打破原有的商業規則，如優步（Uber）、Airbnb、亞馬遜等，都是成功的例子。

生態系一旦沒有持續創新，就會逐漸沒落，甚至走向死亡。美國底特律商圈曾經是首屈一指的汽車城和鋼鐵城，但近年受到經濟不景氣影響，大為萎縮，許多人失業，沒有人再用「生態系」稱呼他們，因為前景看不到生機。

美國著名的高科技生態系包括蘋果、Facebook、亞馬遜、微

軟，一般人用「平臺」稱呼這些公司。亞馬遜的生態系最特別，因為其獲利大部分來自 AWS（Amazon Web Service），即全世界最大的公有雲平臺，和亞馬遜傳統電商的業務完全不同；近來亞馬遜又成功打造了智慧助手 Alexa、開發 Echo 智能音箱，成為美國許多家庭必備的裝置。

帝國會瓦解，生態系才能永續

三十年前，臺灣緊緊追隨美國的科技生態系，主要是微軟與英特爾，非常單純。但今天有更多新的生態系誕生，包括亞馬遜、Facebook、來自中國的互聯網三巨頭 BAT（百度、阿里巴巴、騰訊），還有華為、小米、京東、美團等後起之秀。

中國的生態系，主要分為阿里巴巴與騰訊兩大陣營，雙方打得水深火熱。阿里以電商起家，騰訊則以通訊平臺微信發跡，但兩者逐步發展出非常不一樣的格局。阿里最驚人的成就就是打造了螞蟻金服，為中國最大的金融科技平臺，儘管還未上市，也是目前擁有最高估值的獨角獸（1600 億美元）。除此之外，阿里近年也積極投入物流平臺菜鳥網的建置，並獲得新加坡與馬來西亞主權基金投資。馬雲在 2019 年宣布退休，交棒張勇，達成 20 年完美的結局。

在馬雲的設想中，阿里巴巴的未來一直是建設一個商業生態系統，而不是商業帝國；而「同一個生態，千萬家公司」，則是一個健全的商業生態系統的目標。「帝國」總有倒塌的一天，但是「生態系」能不被破壞，而且一直繁榮下去。只有讓生態系中的所有成員都賺到錢，生態系的建設者才會賺得更多。為此阿里建立了「信用＋金融＋物流＋工作平臺＋大數據」的五大生態系（圖 1）。目

AI 〉〉〉〉〉〉 AI⁺

開放、共融、創新
打破舊商業思維的新經濟精神

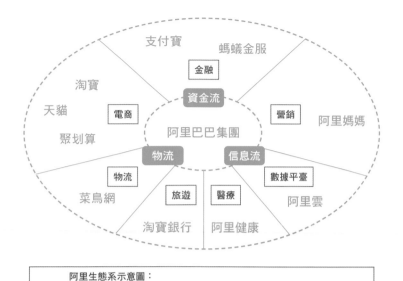

阿里生態系示意圖：
阿里生態系中包含電商、金融、營銷、數據平臺、醫療、旅遊、
物流等領域，並藉由共享信息流、物流、資金流進行互動。

圖1、阿里生態系示意圖
來源：公司網站、阿里巴巴公司戰略「奔月計畫」

前阿里旗下擁有眾多子公司，包括淘寶、天貓、阿里雲、螞蟻金服等等；涵蓋的領域也十分廣泛，汽車、醫療、地產、體育等諸多產業都可見到阿里巴巴的足跡。

　　至於騰訊，近年以遊戲作為發展主軸，起起落落。去年市值曾創高峰，甚至超越阿里，但在中國領導人習近平打擊遊戲產業後，市值大幅滑落。然而騰訊比阿里強的地方，在於選擇香港上市，在華人市場有較高的能見度。不過阿里巴巴2019年也成功於香港第二上市，募集129億美元，起因是受川普刺激，威脅要將在美的中國公司下市，所以開啟了朝亞洲移轉的布局。

　　騰訊與阿里最大的不同在於：阿里經常出自控制企業的目的，購買一家企業的大量股權；騰訊則是購買多家企業的少量股權，意

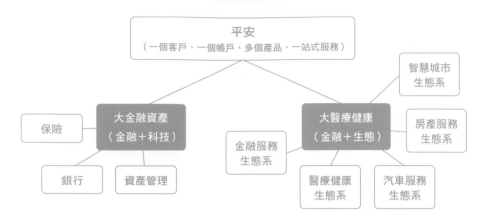

圖 2、中國平安生態系示意圖

圖與對方建立合作關係，以及學習並使用對方的技術。騰訊的發展戰略重產品，非常看重用戶體驗。作為一個憑社交軟體（QQ）起家的企業，騰訊的發展很多是靠學習；或者說騰訊並不是一個開創者，它在觀察到市場趨勢後，學以致用，憑藉龐大的用戶流量切入來後發制人。騰訊目前有六大事業群（企業發展事業群、互動娛樂事業群、技術工程事業群、微信事業群、雲與智慧事業群、平臺與內容事業群），其中涵蓋社交、金融、娛樂、資訊、工具、平臺等各領域（圖 3）。

　　中國還有一家企業的生態系值得研究——中國平安。作為中國第一家股份制保險企業，平安在科技上占有領先地位。未來保險業必將發生巨變，傳統保險業不得不面臨轉型。平安在這方面則非常主動：以顧客日常生活活動為中心，以科技進步為主要驅動力，建立「一個客戶，一個帳戶，多個服務」的一站式服務流程。平安堅

持輸出「金融＋科技」、「金融＋生態」，將領先的科技應用到「金融服務、醫療健康、汽車服務、房產服務、智慧城市」五大生態系當中（圖2）。目前平安已從一個單純的保險企業，轉變為囊括保險、銀行、投資、金融科技、共享平臺等多元產業巨頭，業務也涉足中國之外。

　　日本生態系最著名的構建者是軟銀（SoftBank），從早期投資阿里巴巴及雅虎，到近年布局優步和共享工作空間 WeWork，孫正義創造了以資本為導向的生態系。關鍵字是投資、併購、整合，以外部手段打造市場龍頭，在日本、中國、印度和東南亞均有斬獲。

　　軟銀的傳統手法就是「跑馬圈地」，運用龐大的資本力量，強迫要求入股第一名的新經濟龍頭企業。假如新經濟企業不同意要求，便轉而扶植第二名、第三名的企業，並以此作為要脅；一旦入股成功，便給予企業大量資金，要求其快速成長。換言之，這算是「大型企業」的加速器策略，並利用資金、規模和市占率優勢，把競爭對手擠出市場、或進一步併購整合規模較小的同業，擴大領先優勢。

　　這種手法過去在阿里巴巴和日本雅虎身上，均取得相當可觀的成效。但近期 WeWork 上市失敗造成不小的打擊，由於估值過高，商業模式不明確，全球投資人均不買單，市值從 470 億跌到 80 億美元，虧損達 50 億美元。創始人 CEO 去職，軟銀也必須介入重整公司業務，將持股由 50％提高到 80％，重創其 1 千億美元「願景基金」（Vision Fund）的投資績效，也說明這種商業模式存在問題。

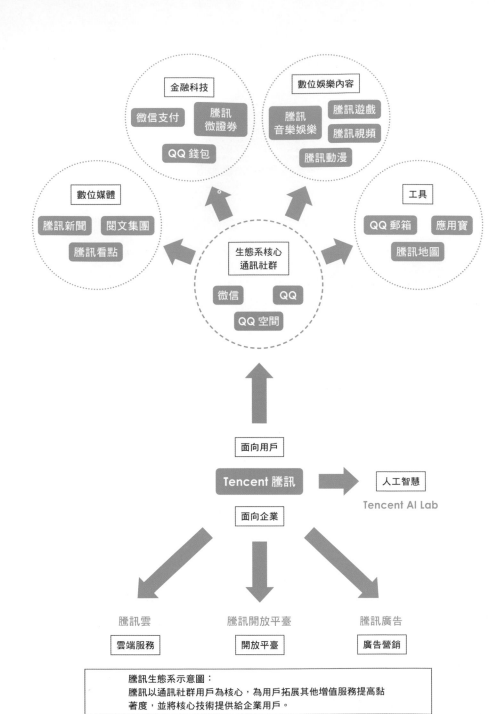

圖 3、騰訊生態系示意圖

臺灣的轉型——
台哥大和 AppWorks 的合作

　　和美國及中國相比，臺灣的新經濟缺乏生態系思維，主要以製造和產品為主。然而，近年許多企業積極轉型，電子五哥往日依賴蘋果的榮景不再，開始尋找新出路。以醫療產業的生策會（國家生技醫療產業策進會）為例，近期理監事改選，35 席中電子業占比高達 11 席，說明「資通訊」和「生技醫療」產業正在融合。

　　另一個例子是台灣大哥大。為了資源整合，積極布局 5G，台哥大選擇和著名的加速器創投 AppWorks 合作，雙方形成聯盟，並聘請年僅 41 歲的 AppWorks 創辦人林之晨擔任總經理。電信公司屬於生態系的底層結構，而且手上現金多，和許多產業及個人都有連結，非常適合作為生態系的創始者。但其挑戰是如何將基礎建設

數位平臺智門 SmartGate 黑天鵝學院直播節目中，智門創辦人黃齊元（右）與東海大學榮譽講座教授黃崇興（左1）、遠傳電信策略長李聖珉（左2）訪談畫面。

（5G）有效結合內容（各種行業）及智慧（AI），未來這需要依賴數位轉型。

最近還有個趨勢，就是「生態圈」的興起。「生態圈」和「生態系」的英文都是「ecosystem」，但意義不同。生態系通常和某個特定企業有關，屬於封閉式系統，例如蘋果和過去的微軟；生態圈則是完全開放，因此能吸引不同的企業和群體加入，例如安卓就是一個手機開放式生態圈。從長期來說，生態圈比生態系更重要，沒有企業或國家，就能夠整合所有的資源，最重要的是打造一個平臺，築巢引鳳。未來的新世代正是 5G 時代。5G 和物聯網（IoT）屬於基礎建設，智慧和大數據則涵蓋所有行業及內容，將來每一個行業都需要藉由「數位轉型」（digital transformation）來進行創新與改造。臺灣面對全球、連結未來的創新生態圈，將是未來最重要的願景與機會。

擁抱生態系，成為下一個跨域新贏家

2020 年是新經濟泡沫破裂年，不僅軟銀投資的超級獨角獸 WeWork 上市失敗，公司進入重整階段，其投資的另一家 Uber 股價表現也不佳。原先全美最大上市案 Airbnb，在新冠疫情影響下全球旅遊業完全陷入停擺，IPO 也只好喊停。

但另一方面，全球疫情卻加速了各個行業數位轉型的進程，不論電商、外送、線上醫療、線上學習、遠距辦公、線上金融、智慧製造，均大行其道，間接促進了各行業「AI$^+$」智慧生態系的形成。

2020 年是新經濟「生態系」大放異彩的一年，有幾個重要趨勢：

一、由「企業」生態系轉向「行業」生態系。

以往的生態系都以企業為主，如亞馬遜、Google、阿里巴巴和騰訊。但今年由於數位轉型加速，所有行業均開始數位化、智慧化，形成整合性大格局。美國、中國和東南亞在這方面都比臺灣跑得更快，新加坡和印尼已有市值百億美元的獨角獸新創企業，一方面由於其數位化程度較高，另外則因臺灣受疫情影響較輕，以致企業尚未感受轉型的急迫性。

二、「智慧」（AI 科技）與「應用」（行業專業）同步快速發展。

臺灣以往走「AI 行業化」的路線，由像鴻海這樣的科技廠商主導 AI 發展。但現在「行業 AI 化」漸成氣候，由各行業自身的需求為出發點，設計解決方案，再將技術整合進來。我們可以想像 AI、

雲端、電信 5G 技術的「水平」底層架構，搭配各行業架在平臺上的「垂直」應用，形成一個互惠互利的生態系。

三、「線下」與「線上」加速整合。

數位轉型時代到來，並不代表線上將取代線下。馬雲曾表示，傳統電商已死，他是指未來線上和線下將彼此整合，形成「虛實融合」（OMO-Online merge Offline）的全通路（Omni channel）格局，即所謂「新零售」。目前在不同行業，我們也將看到新醫療、新金融、新學習等新商業模式，如雨後春筍般冒出來。

四、跨業整合。

以往我們看到的改變，侷限在某一個行業，但由於科技進步及全球疫情影響，許多行業開始跨足其他行業，彼此策略合作，甚至進一步融合。一個例子是影視行業的「數位匯流」，我們看到電信、無線電視、寬頻和 OTT 正快速融合中，市場跑在法令前面，愛奇藝在臺灣大受歡迎就是一例。另外，不同行業的跨界正在發生，例如金融和零售業、電商和連鎖藥局；在美國，亞馬遜和沃爾瑪這些公司已跨入醫療產業，這些「跨域」（crossover）合作將澈底翻轉傳統產業生態，產生新的贏家和輸家。

總而言之，2020 年真正的意涵，是一個新經濟的大爆發（Big Bang），其意義就如同以前的工業革命，也有人稱之為第四次工業革命。面對顛覆性的革命，臺灣需要拋棄傳統代工製造的思維，積極學習擁抱新的商業模式，才不致在全球創新生態系競賽中落後其他國家。

AI ⟫⟫⟫⟫⟫ AI⁺

數位轉型是不斷推進的過程，
行業 AI 化能為臺灣帶來創新
的生態圈。

AI >>>>>>>>>>>>>>>>

在AI產業化、
產業AI化的浪潮中，
智慧無所不在的時代即將來臨，
臺灣企業準備好了嗎？

AI⁺

未來今日，
臺灣的
下一步

PART 2

AI 〉〉〉〉〉〉 AI⁺

「未來已經到來，
只是先被一部分人看見。」
　　　——作家威廉・吉布森

The future is already here.
it's just not very evenly
distributed.
　　　——William Gibson

決戰未來數位新客戶

新零售轉型！ 智慧消費體驗才能綁定顧客的心

劉鏡清

　　小安是個喜歡網購的女孩，尤其喜歡逛女裝網購平臺。由於最近要出遊度假，她便在一個網購平臺上買了件度假長裙，並且為了獲得折扣而加入成為該網購平臺會員。她在填寫會員資料時，輸入了自己的性別、生日、年齡、職業及喜好等資訊，之後也陸續在這個平臺購買多件衣服。

　　她發現，每當特別常購買的牌子有折扣活動時，她都會收到通知。此外，每次她登入網購平臺時，平臺會根據她的購買紀錄及曾點擊過的商品進行分析，系統跳出來的推薦穿搭也都與自己喜歡的款式非常相近，令她省不少挑選時間。

　　不過有時候，她還是想試試看衣服穿在自己身上合不合適，於是她會先在平臺上確認該款式衣服在哪家門店有庫存；但如果她真的抽不出時間出門，她也會利用平臺上的虛擬衣櫃模擬自己的身高體重，利用 VR 試穿衣服在自己身上的效果。

　　快到她的生日時，她也會收到來自網購平臺的通知，提醒她要記得使用生日禮金。智慧科技的應用讓自宅消費成為一件更直接便利的事情，而消費者也因此能更精確地被推播到自己真正需要的產品。

圖 1、全球零售與消費市場發展新趨勢
資料來源：PwC analysis

　　PwC（資誠創新諮詢）研究全球零售產業發展，結果顯示正朝 21 個趨勢逐漸轉型（圖 1）。其中消費行為的改變及科技進步，為兩大主要驅動轉型的因素。這些零售產業的轉型趨勢包括：精準行銷、店中店、異業結合、掌握高端消費、客戶忠誠……這也導致了智慧零售成為當前零售業的顯學。儘管科技日新月異，如今客戶的數位消費行為遽增，更是業界在轉型上最大的推動力量。零售業已紛紛投入數位轉型，並期望建立起數位競爭力。

　　根據 PwC 研究顯示，全球數位消費人口將在 2025 年超越 90％。也就是說，屆時將只剩下不到 10％的傳統消費人口；而只要掌握大多數的數位消費者，就代表掌握了未來的消費市場。這群象徵未來商機的數位消費者擁有以下四大共通點：

（一）消費行為改變：

消費前的「網路查詢」，以及消費後的「網路分享」，是過去沒有的消費行為。PwC調查顯示，相較於鋪天蓋地的行銷廣告，61％消費者更信任網路社群上的分享，並影響其消費。

（二）「有權的消費者」（Empowered User）躍居主流：

透過網路分享、研究與學習，消費者在消費行為上的主控權變大，傳統商家掌握訊息不對稱及不透明的優勢不再，消費者擁有更多元的購買資訊與選擇優勢。此外，他們也是偏好個性化及個人化商品的新時代消費者（圖2）。

（三）科技是賣點：

數位消費者大多傾向擁抱新科技，並表現出一定的喜好；應用科技的能力也遠勝於傳統消費者。商品的數位化將是主流之一。

（四）購買路徑多樣化：

網路搜尋購買、門店評估後網上購買、網上搜尋評估後門店購買，都有別於傳統門店直接購買模式。不同產品受到的數位消費影響不同，而商品體驗、資訊透明度及價格，都影響消費者對通路的選擇（圖3、4）。

未來市場很明顯將由數位消費行為主導。PwC最新全球調查顯示，21,480位受訪的消費者當中，只有7％受訪者表示從未在網上買東西，其餘皆有數位消費經驗；其中更有67％受訪者至少每月於線上消費一次，這個數字正逐年增長。數位消費者行為也主導了當前零售業的發展，例如消費者在網上尋找餐廳，藉由社群評價選定

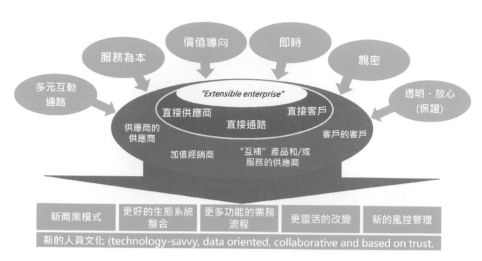

圖 2、數位客戶多半為「有權的消費者」，
這群人急速增加，並將主宰消費市場。

資料來源：PwC analysis

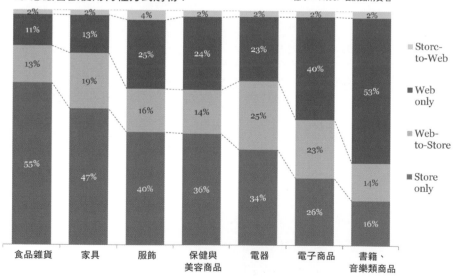

圖 3、針對不同類型產品，數位消費者的購買模式也不同。

資料來源：PwC 資誠

餐廳，或透過外送平臺點餐送到家。很多非傳統名店，甚至無實體門店，都透過網路經營或外送模式一炮而紅。

為了決戰數位消費者主導的市場，智慧零售兩大主要趨勢於焉成形：一是智慧化的消費者體驗；以及智慧的跨平臺供應鏈能力，也就是強化通路速度、精準，以及即時交貨、減少庫存及缺貨、成本控制等能力。消費體驗是業務的源頭，沒有業務就沒有供應鏈；然而供應鏈不佳也會傷及業務。因此智慧消費體驗，成為現代零售業者最關注的重點之一

應用數位科技是智慧消費的基本，但要做好消費者體驗並不容易。以下向各位介紹帶給客戶良好消費體驗的六個構面及八個重點：

設計客戶體驗的六個構面：

（一）接觸我

（二）說服我

（三）了解我

（四）方便我

（五）吸引我

（六）驚訝我

客戶體驗的設計通常圍繞在這六大構面，而業界常用的八個方法包括：

（一）無所不在的數位通路

（二）客戶細分（segmentation）

（三）透過大數據分析洞悉客戶

（四）更好的在店體驗

（五）無縫的通路整合

（六）持續的客戶對話與意識

（七）型態創新

（八）個人化

無所不在的數位通路

藉由科技可以隨時接觸客戶，而且是在正確的時間接觸客戶，甚至說服客戶來電或上網購買商品或服務。這有兩大重要趨勢：

消費者黏著度與忠誠度大轉變

「先生，您已經買了 1 萬元，再加 2 千就可以成為會員，您要不要再多買一點？」傳統的 VIP 會員模式會設定門檻，VIP 會員取得尊榮位階後也同時增加忠誠度；但是如此一來，商家卻會因此趕走既有客戶，失去分析其消費行為，以及與更多客戶接觸的機會，反而損失更龐大的商機損失。在智慧消費時代，可以透過數位方式保持與客戶的接觸，並藉由數據分析及 AI 客戶個別化辨識，增加接觸後的銷售機會。因此，與客戶的數位接觸及接觸的精準行銷將成為主流，未來誰愈能精準接觸客戶，誰就是未來贏家。

對於目前仍設有會員門檻的公司，應該盡速取消會員門檻，完全開放、甚至主動爭取新客戶的接觸資訊；因為只要能接觸上，就能做到隨時接觸與行銷。在客戶具辨識度、加上蒐集到的數據與客戶細分的情況下，就能做出精準行銷；能精準行銷，就能產生更多生意。至於想抓住尖端消費客戶的公司，只要做好客戶細分及會員分類，就能做得更好。

例如一家韓國化妝品公司，他們在中國發展時不設客戶門檻，

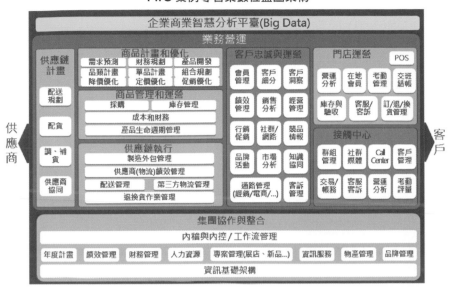

PwC 案例零售業數位藍圖架構

圖 4、零售業數位藍圖架構

資料來源：PwC 資誠

反而以贈送面膜主動邀請客戶加入會員的微信群。取得客戶微信之後，就能開始經營客戶。他們利用門店做一次銷售，並取得客戶的社群媒體資訊，隨即在微信社群著手經營客戶、行銷及再次銷售。該化妝品公司在數據分析與 AI 的協助下，微信社群銷售業績已超越門店業績，且因本身無門店成本，公司獲得了更好的利潤。目前他們正依據客戶的消費金額、品項、年齡及風格等標準將客戶細分，以進行更精準的行銷，

　　如何建立接觸客戶的數位價值鏈與系統，成為決戰未來數位客戶的必備武器。國內零售業者應盡快建立起多元、無障礙且整合的接觸客戶管道。圖 4 是一家公司所建立的新消費時代價值鏈與客戶接觸藍圖系統，這系統提供了接觸、銷售及供應鏈三大系統的整合規畫。

不離身的數位通路：

online, mobile, social, wearable, voice box

　　現代人手機不離身，網路社群也不離身，穿戴裝置及智慧音箱日漸盛行，購物通路也愈發多元、即時、方便搜尋與消費。根據 PwC 2019 年全球消費調查顯示，全球有 70% 消費者使用智慧手機（約 56 億支）。如何創造更多接觸、並透過接觸說服客戶前往線上或線下購物，是當前零售業的重要課題。零售業已進入高度競爭狀態，光是具備數位通路、社群、穿戴裝置、智慧音箱等銷售途徑已經不夠了。目前的智慧零售早已進展到幫客戶**找理由**前來購物，例如更方便、快速、更好的體驗，都有利於精準說服客戶前往購物。

　　例如網路購物大多從單純的網購，進化到強調送貨速度和方便銷售。除了快速交貨之外，號稱英國最大食品零售電商 Ocado 還推出了「Scan & Shop」，讓客戶可以透過 App 掃描商品上的條碼，直接放入購物車，無須自行上網搜尋；並推出 window shopping，顧客在等捷運或公車時，只要用手機掃描就能購物；亞馬遜的 Alexa voice shopping 甚至能讓你用語音直接下單。

　　此外，過去製造廠商無法接觸客戶（門店或消費者），能影響業績的方式只能靠行銷；如今只要透過 App，就能直接接觸客戶，同時進行行銷及銷售，更有效影響業績與提升績效。這種正興起的 DTC 模式（Direct to Consumer），也在顛覆產業通路的發展，加上訂閱經濟模式風行，零售通路的變化將日益明顯。

客戶細分（segmentation）

　　數位消費者多半有自己的想法與期望，這也導致大眾行銷的效

果漸趨低落。透過大數據分析客戶，並進行精準行銷成為趨勢，而客戶細分正是精準行銷的第一步。常見的細分方式包括：收入、家庭背景、年齡、性別、個性、喜好、消費模式、居住地等。透過將客戶分群及數據分析，可以找到類似的消費行為，並經由行為模型來精準行銷；如果再詳細描述細分的客戶及其行為，行銷還可以精準至個人，展開一對一的銷售；例如攝影愛好者、喜愛露營家庭、年輕男女、貴婦、孕婦等。

做客戶細分，除了能精準找出客戶，進行更精準的行銷之外，還能分析商品銷售、客群貢獻、利潤，甚至規畫新商品。

英國一家超市透過客戶細分與數據分析之後，成功找出致使公司虧錢的客群，並於寄發促銷活動通知時刻意避開，同時更專注於獲利客戶的開發，提升公司利潤。

透過大數據分析洞悉客戶

結合大數據與客戶細分，可以改善客群的服務、業績與商品開發；透過產品及客戶關聯數據，則可找出銷售機會，並透過銷售數據逐一掌握客戶的消費習性與偏好。整體來說，我們在這些分析出來的數據中，能找到更多產品機會、競爭資訊、消費趨勢與品牌風險，然後建立起客戶行為模型，掌握更多銷售商機。

近年來，零售業在數據與 AI 整合之下邁向智慧零售與消費；數據也從事後的分析、描述、診斷問題，進化到預測問題，甚至下達指令階段。這些更具智慧的數據分析與預測，協助零售業洞悉並預測客戶行為，以及做出最佳決策。

例如，英國的特易購（TESCO）透過大數據長期追蹤與分析客

戶每一次消費資訊，充分掌握出客戶的**畫像**，了解其喜好、購買均價、品項、家中有無寵物……找出主要客群的消費力與喜好，甚至各類型客群的商品喜好，然後再推出客戶感興趣的自有品牌商品，創造更佳的利潤。

美國的平價量販店 TARGET 將客戶細分後，找出孕婦消費模型與懷孕預測模型：

- 女性從購買有香味的乳液，轉而購買無香味的乳液時（通常孕婦在懷孕前 3 個月後，會改購買大量無味的潤膚露），此時業者會大膽推測這名女性可能已經懷孕。
- 尤其在懷孕前 20 週，孕婦會補充如葉酸、鈣、鎂、鋅等營養素。
- 一名女學生在 3 月買了凡士林、一只裝得下兩大包尿布的袋子、含鋅及鎂的維他命，以及淡藍色的地毯。那麼表示有 87％的機率，她已懷孕且預產期在 8 月下旬。

人們的各種消費行為會因生活習慣改變，而且一生當中會持續改變，這都是零售業者必須長期關注並自我調整的課題。

更好的在店體驗

很多消費方式並不需要直接到店面，這也造成門店客流量逐年下滑。這類型的實體商家多半積極尋找解決方案，以挽救持續低迷的業績。消費者體驗就是目前最常見的方式，例如許多百貨公司或大型商場增加餐飲的營運面積與種類品質，吸引客戶來店且增加逗

消費者購買服飾時，試穿衣服常看不到背面，而對於女性消費者來說又特別需要此一資訊；如果試穿多件衣服時，也常要不斷更換比較差異，這都造成消費者的困擾。尼曼馬庫斯百貨（Neiman Marcus）在舊金山的門店就設立了「記憶魔鏡」服務，消費者可以透過魔鏡錄影及拍照，然後在魔鏡上比較兩件不同服飾，並透過影片看到試穿時的背面；魔鏡也可以自動更換衣服顏色，讓消費者比較，而無須重複試穿。這解決了傳統購衣消費者的困擾，也創造出客戶非來門店不可的理由，成功增加客流量與業績。

有些店家會在試衣間透過衣服的顏色、風格、形式，運用 AI 及數據技術主動建議顧客穿搭，讓原本已購買上衣的客人進一步購買褲裝、圍巾等，這些都是智慧消費體驗的成功案例。

總言之，智慧零售透過科技應用改善客戶體驗，以得到更多客戶支持、業績成長、利潤提升、客戶滿意度等目標。

這幾年無論是線上或線下的客戶體驗，在創造客戶的滿意度之外，利用體驗結果使消費者成為自身的最大推銷員也是一大趨勢。因為這是更有效的推廣銷售。

在社群分享與搜尋是新型態的數位消費行為，也是當前新興消費行為主流。消費者愈發重視自我感覺，使客戶細分盛行，傳統行銷通路則變得破碎，導致接觸消費者日益困難，行銷成本也愈來愈高。因此，利用消費者樂於分享的行銷行為興起。社群傳播速度快、成本低，也更容易找到同質性高的消費者；而透過朋友圈的回應，消費者也將更快做出是否購買商品的決定。

在尼曼馬庫斯百貨的案例中，消費者在試衣鏡中拍下喜歡的影片或照片分享給朋友，透過朋友的回饋，更有意願購買商品。這類型的銷售模式已於零售業界廣泛運用，廠商或門店透過分享者的人脈接觸更多陌生客，進行二次行銷，增加商機。

另一方面，AR 也將被廣泛運用在消費產業。除了門店的大量應用，利用 AR 寫成的 App 也將更為普及，消費者不出門就可以體驗商品，並將體驗心得透過影像或照片轉發好友，透過朋友圈回饋意見，促進購買意願，無形中成為店家的推廣幫手。

萊雅的美妝 App

萊雅（L'oreal）開發美妝 App，消費者透過手機與 AR 技術，就能在螢幕上看到上妝後的自己；消費者也可選擇不同風格的妝容，最後將滿意的妝容透過照片分享給朋友。消費者到門市選購商品時，也可用 App 掃描商品條碼，透過手機的 AR 功能幫消費者在手機上感受數位試妝的效果。

機器視覺加上 AI 運用，將成為新一代銷售主流，它可以解決眼下消費者在門店最厭惡的兩件事：排隊結帳及找商品。任何科技應用都要能解決客戶痛點，反面的案例則像是現在許多無人商店，它們完全保留下這些痛點，又因客戶不熟悉自動結帳模式，反而拉長結帳時間，讓客戶更困擾。新一代無人商店則可以透過 AI 及機器視覺，澈底解決前述困境，並在 App 協助查找下，快速取得想購買的商品。此外還能辨識水果等農商品，減少須額外排隊秤重的時間與廠商成本。

AI 視覺機器人與自動結帳系統

機器視覺加 AI 也將減少各門店的「縮水率」，有效防止偷竊及結帳錯誤；也能減少盤點時間並提升貨架補貨能力。例如肉品放在後冷凍庫可存放 18 天以上，但於門市的冷藏貨架只能存放 3 天，透過機器視覺監視貨架、即時通報後臺補貨，可維持高服務水平又避免浪費與食安問題。有些商家會利用 AI 視覺機器人巡視貨架，通報補貨或整理貨架，不僅降低成本更提升服務能力。

愛爾蘭的 AI 軟體公司 Everseen 為零售業開發出一套自動結帳系統。客戶上門後即可辨識出客戶及同行者；客戶於貨架上拿取商品或放回商品，電腦都會自動記帳或扣帳；客戶無須排隊結帳可直接走出門店，電腦會自動結帳。不久之後，Everseen 又開發出新系統，協助店家避免竊盜或算錯帳，提升獲利率。

英國特易購將機器視覺置於生鮮貨架上，電腦會監控貨架並即時通知後臺補貨。不僅減少了後臺人員須隨時巡視現場貨架的工作量，也減少架上品項缺貨的情形；這套系統還能協助後臺自動收貨與驗收，保障食安且提升效率。

留時間。簡單地說，就是幫消費者找一個非到門店不可的理由，而科技在其中扮演了相當關鍵的角色，這角色分為體驗及分析體驗。最常見的是 AR 的應用，此外也有 VR、Beacon、Big data、AI、Machine vision（機器視覺）等運用。在消費者重視體驗的年代中，求新求變及相互影響，是零售店家的新挑戰。

無縫的通路整合

當前的零售業大多會涉及多種銷售通路，例如直營門店、加盟門店、合作門店、店中店外店（觸屏貨架）、電商、自建 B2C 商城、移動端 App、二維碼商城等等。零售業必須進行全通路整合，打通各類零售通路與終端，實現數據統合，形成零售經營環節閉環。如此一來，可以在大數據精準行銷下，連結潛在顧客，完成新客引流；另一方面匯集原有數據，自動化行銷既有顧客，實現舊客回流。

在通路不斷擴增及消費者差異日增的購買模式下，多元的**全通路**已逐漸成為**趨勢**（From multiple channel to Omni-Channel）[1]。根據 PwC 全球研究顯示，線上與線下的消費各有擁護者，幾乎所有消費者都會同時使用線上與線下的服務。選擇線上購買的主要原因為：商品有更多選擇、可以進行比價，以及二十四小時隨時都能購物；選擇線下購買的主要原因為：親自體驗更了解商品特色、立即取貨及免運費。所以我們這幾年看到亞馬遜及阿里都購買了線下通

---

[1] 過去的多通路（Multi-channel）和跨通路（Cross channel）相互合作卻彼此獨立，到了全通路（Omni channel）階段，線上線下所有通路接觸點獲得整合，彼此擁有單一來源的資料庫，以提供消費者個人化且不間斷的消費服務為目標。

圖 5、全通路已成為全球趨勢

路，傳統沃爾瑪等通路也紛紛投入線上及數位轉型，多元通路躍為主流，進而發展出全通路的無縫整合（圖 5）。

　　透過全通路的變化——主要是數位通路——廠商或門店得以透過數位方式直接與客戶接觸。對於一般傳統門店來說，客人不來店，就沒生意；而全通路能將目標客群吸引來門店，或直接透過數位通路銷售。這種做法是運用 AI 及大數據，使電腦系統深入認識客戶，再主動找到客戶推薦相關商品。於是，無論我們是否去門店或線上通路都有機會購買商品；另一方面，我們的消費大數據也在各通路整合下，獲得 AI 的分析辨識，這些數據也會持續被追蹤並累積。

　　全通路不僅是多元通路整合，更是以客戶為核心的整合。透過大數據和 AI 的運用，結合為一致性的銷售服務平臺，服務能力獲得優化，並有效管理提升客戶忠誠度，大幅擴增既有通路的效益。

　　餐廳隸屬於傳統通路，原本是等客人上門的行業，卻在美國最大的評論平臺 Yelp、中國的大眾點評網等崛起後，大幅增加了客戶

觸及與來客數，並透過美團外賣、Uber Eats、空腹熊貓（Foodpanda）等外送平臺，將銷售觸角延伸到辦公室與家庭。上海一家業者在蒐集大量消費數據後，估算出上海各區餐點的喜好程度及流行趨勢，例如某道料理在嘉淀區熱賣且銷量急速上升，另一道料理在徐匯區銷量下滑，並據此評估出未來可能的熱賣食材，提早布局 B2B 供應鏈。

沃爾瑪除了實體門店之外，近年來大舉投資多元通路，例如客戶在手機、電腦等裝置上網即可購買商品、並由各地沃爾瑪門店包裝送貨；如果客戶不想等待，亦可直接前往門店取貨，免除找商品與等待結帳的時間，如果於 Google Home 智慧音箱或 Google 助手中喊出「Talk to Walmart」指令，系統就會切換至對應沃爾瑪此項服務的功能，將想買的商品加入購物車後下單送到家。沃爾瑪還提供客戶將生鮮食品或食材直接送到家中冰箱的服務。客戶只要購買一組藍芽密碼鎖及攝影機，送貨員抵達時透過臨時密碼進入家中，客戶手機會收到提示及現場影像直播，過程也會全程錄影。隨時隨地觸及客戶並讓客戶下單的模式，正是智慧零售的典範。

持續的客戶對話與意識

讓門店說話是這幾年的趨勢。門店透過與客戶對話互動，可以大幅提升服務滿意度、業務及客戶忠誠度。而這需要透過**數位互動**方式介紹甚至主動推薦商品，來解決客戶的疑惑；反過來說，也等於是和客戶**共同**決定賣什麼商品。如此一來，店家不僅能滿足客戶的期待，也讓客戶參與其中，建立起更緊密的關係。

基本上只要利用 Customer ID 的手法，連續追蹤分析消費者的消

費數據，等追蹤時間夠長，就可以辨識消費者的行為、喜好、生活模式變化。累積足夠的數據之後，就能開發出最適合客戶的商品。

星巴克在 2009 年業績下滑，第二季利潤一度滑落至 77％，當時的執行長舒茲決定運用數位方式與客戶對話。於是透過「客戶關係管理系統」（Customer Relationship Management, CRM）開設了「我的星巴克點子」（My Starbucks Ideas），讓消費者提出改善建議，並參與投票，只要「點子」通過審核與多數客戶支持，星巴克就會實現那個「點子」。5 年間，總共湧入超過 15 萬個點子，最後實現了 277 個，許多新口味、生日禮、無線網路、包裝都來自市場的回饋。透過對話了解客戶、並向客戶學習，參與的客戶也因此忠誠度更高，形成了正向回饋，也讓星巴克股價在 2 年半間提升了達 5 倍之多。

瑞典 SB 超市則在網站上與客戶對話，除了徵詢客戶使用心得，客戶也能在超市網站上建議進貨商品；店長還會品嘗試吃新商品，並在網站上了解客戶購買意願。這樣的方式確保了倉儲與貨架上都是客戶願意購買的商品，存貨管理上也更有效率。

零售產業直接面對消費者，消費市場的變動也直接影響了營運績效。掌握客戶就掌握市場，嗅出趨勢並善用科技，就能迎向未來的數位消費者，並在智慧零售與智慧消費的年代占據一席之地。

型態創新

門店型態也正在改變。目前門店經營的智慧化創新主要分為兩種：一是體驗的創新；另一是交易的創新。於此同時，非數位的門店型態創新則以店中店、快閃店當道，門店業態也漸趨細分化。這

一切只為滿足不同的客戶需求，同時擴大並滲入市場。體驗創新是透過科技或服務的改變，讓消費客戶感到品牌煥然一新；交易創新則是讓客戶於交易過程中感到便捷與滿足。

Burberry 也應用技術，將位於倫敦的旗艦店布置得美輪美奐。客戶可透過店內的平板電腦搜尋商品，或將想購買的服飾拿到鏡子前，因為服飾內有「無線射頻識別系統」（Radio Frequency Identification, RFID），鏡子會因而轉變成電腦螢幕並啟動產品介紹影片，帶給客戶更專業而具深度的新體驗。

Bonobos 是一家銷售年輕男性服飾的電商平臺，初創期即善用客戶細分與數據分析掌握客戶喜好。男性購物時與女性不同，多數男性希望快速、簡單就買到符合自己喜好需求的服飾（以合穿舒適為主、風格其次）；他們並不特別享受於瀏覽產品的樂趣，而更想快速找到商品下單。耗時與怕麻煩，正是男性消費最主要的痛點。因此 Bonobos 設計出快速分類搜尋、熱門推薦與平價指數等功能，滿足想快速完成購物的男性消費者。

為了消除消費者對服飾不合身的疑慮，Bonobos 率先設立實體的 Guide Shop，顧客可以前往實體店面試穿。實體店採預約制，店員都是服裝顧問，他們會招待客人飲料，隨後協助客人愉快地找到喜歡的服飾，並給予穿搭的專業建議。客人可用 App 或店內電腦於門店直接下單購買，然後空手離開。店內品只供試穿不銷售，而試穿過 Bonobos 品牌長褲的消費者，有 90％機率會購買，其中 25％的消費者會一次購買 3 條褲子以上。

根據 PwC 調查指出，消費者最討厭的是排隊結帳。亞馬遜創立的 Amazon go 即可解決這些煩惱。透過機器視覺、AI 及數據應用，客戶挑選商品時已自動記帳、加入虛擬購物車，因此無須排隊結帳

（已從信用卡扣款）即可直接走出店門。這是交易創新的新型態門店典範，現今透過手機或臉部識別加速結帳速度減少客戶麻煩，也都是交易創新的成功案例[2]。

個人化

大數據、AI 及影像視覺發展，通路銷售將從現今常見的分析、診斷、預測，更進化到下達指令（Prescriptive），甚至是自我認知（Cognitive）能力。數位通路將能更精準掌握客戶及增加銷售，而這個技術也會把數位銷售帶入個人化**策展**（Curated）時代。你的策展，讓你在登入網頁時所看到的就是不一樣的畫面，電腦會很有智慧地呈現你感興趣的商品，驅動你下單。傳統通路也可在客戶上門時，運用 AI 識別消費者的購物風格與習慣；店員亦可據此提供客戶期待的服務。此外，不同商圈地點的門店也能藉此調整商品組合，更加鎖定當地族群，提升營收。

廣告型錄與商品價格也將走向個人化，進入一對一專屬銷售的時代。在 AI 與數據分析結合，以及長期消費的驗證下，門店可能比消費者的家人還要了解消費者。也基於這種理解，未來行銷將日趨個人化，價格也不再是固定的，而會依據每個人情況產生不同的價格。

在德國的一家超市，顧客可於門店的 Kiosk 列印廣告型錄，廣告型錄會依據每個人不同的消費行為與喜好印出不同的優惠內容。

---

[2] 2020 年 2 月底，亞馬遜在美國西雅圖開幕新的無人超市「Amazon Go Grocery」後，隨後成立新的技術授權事業部門，對外技術授權自家無人結帳技術「Just Walk Out technology by Amazon」，試圖和零售商合作推廣無人商店。

透過數據與 AI，精準推出客戶會心動的商品，並給予特惠刺激購買欲；對於常購買的必需品則給予極小優惠或不優惠。精準的行銷策略下，也將拉高銷售金額。

消費者體驗已成為智慧零售的兵家之地。然而智慧化並非一蹴可幾，也不僅僅在於導入資訊系統就好。它牽涉到數位策略與數位轉型，零售業者應訂出明確的轉型目標與策略，以及科技、組織、流程及人才轉型等面向的細部規畫，方能穩扎穩打實踐數位轉型。

智慧零售案例介紹：智慧超商

在臺灣，幾乎每個轉角都有便利超商，甚至不同品牌的超商還做起了鄰居，近距離競爭。然而隨著智慧時代來臨，最貼近民眾日常需求的各大超商，該如何擁抱智慧、創造新局？

國內四大超商科技店

業者	7-ELEVEN	全家	OK 超商	萊爾富
名稱	X-STORE	科技概念店1號／科技概念店2號	OK mini	智慧科技店
時間	2018 年 1 月	2018 年 3 月／2019 年 10 月	2018 年 6 月	2018 年 11 月
主要特色	人臉辨識系統（進入、結帳、離開）、結合商品辨識的自助結帳櫃檯、感應式自動門冰箱等。	咖啡機器手臂、智慧咖啡機、IOT 設備監控、電子貨價標籤、智能 EC 驗收、自助結帳機等。	即時補貨 App、雲端後臺管理系統、支援逾二十種無現金支付等。	使用盤點自走車、智慧才積辨識系統、熱區偵測等。

資料來源：謝佩珊整理

（一）科技行銷，提昇品牌吸引力

FamilyMart 全家便利商店近年不僅啟動現代化物流，更串聯科技應用，落實店鋪流程改造。FamilyMart 科技概念 2 號店著眼於運用科技解決問題，提升內（店員）、外（消費者）的顧客體驗。首先以人機協作，引進多項科技設施，包括自動訂購、智能 EC 驗收、電子貨架標籤、物流到店即時通、IoT 設備監控；並定時將溫度、電流電壓等資訊上傳雲端，進行溫度控管以達品保，下一步將發展故障預警、自動派修、自助結帳機（圖 6）、智慧咖啡機，紓解排隊人潮。例如只要領預購咖啡的顧客，可以直接在智慧咖啡機刷取條碼取得咖啡（圖 7），省下店員結帳還得同時製作咖啡的時間。不僅提昇店務的效率，科技概念店也為了帶給消費者更有趣的購物體驗，導入迎賓機器人 Robo，也象徵著智慧超商中人性與科技的結合。

圖 6：全家自助結帳機

圖片來源：謝佩珊

圖 7：全家智慧咖啡機

圖片來源：謝佩珊

（二）全通路行銷，促進品牌承諾

　　FamilyMart 科技概念 2 號店的互動投影螢幕，會針對顧客屬性投放適宜的商品影片，顧客可在店裡透過網路即時下單，打破線上線下藩籬，帶來虛實接軌的購物體驗。此外，也導入了四種類型的智能販賣機（圖 9、圖 10）：

- 螢幕型智販機：提供常溫商品和冷飲。無銷售實品，點選螢幕選購即可。優點是螢幕可以投放各種優惠資訊和行銷活動。
- 鮮食便當機：顧客從機器購買商品後，商品會自動微波加熱。
- 雙溫層智販機：雙溫層智販機擁有 4℃ 和 18℃ 雙溫層陳列，優點是有多種組合，例如可一次購買牛奶與御飯糰，無須再操作一次。
- 穿透櫥櫃式智販機：顧客可以直接看到實品，再決定是否購買。

智慧零售案例介紹：智慧超商

全家科技概念 1 號店與 2 號店比較

		FamilyMart 科技概念店 N0.1	FamilyMart 科技概念店 N0.2
服務前	門市到貨檢驗	RFID 無線射頻	RFID 無線射頻
	迎賓機器人	ROBO	ROBO
	會員管理	App	App
服務中	進店閘口	無	無
	海報或 EDM	IoT 整合面板	IoT 整合面板
	商品或價格資訊	電子紙標籤／ App 履歷查詢	電子紙標籤與 互動式電子貨架
	資訊查詢	FamiPort	FamiPort ／互動式螢幕
	自助咖啡	AI 咖啡助理 （QR + 機器手臂）	智慧咖啡機 （寄杯取貨）
	熱飲／熱食	掃描式微波爐	掃描式微波爐
	結帳	自助結帳系統	自助結帳系統／Fami Pay
	夜間服務	人工	智慧型販賣機
服務後	清潔	尚無	尚無
	訊息推播	App ／ Line@	App ／ Line@
	分析	機臺 IoT 溫控系統	機臺 IoT 溫控系統

資料來源：財團法人商業發展研究院整理（2019 年 11 月）

　　智慧販賣機可以讓業者隨時掌握銷售、存貨情況，透過網路連線後臺，讓後續補貨的貨運流也更加智慧化，產品類別也能更多樣化。而多元的金融支付，提供了顧客更便利的付款模式。於此同時，串聯線上線下需求，達成線上訂貨、線下取貨等新商業服務型態。

圖9：鮮食便當機（左）、
穿透櫥櫃式智販機（右）

圖片來源：謝佩珊

圖10：雙溫層智販機（左）、
螢幕型智販機（右）

圖片來源：謝佩珊

　　從 FamilyMart 科技概念 2 號店的顧客體驗新路徑觀之，顧客可從線上社群或受門店的迎賓機器人和互動螢幕吸引，得知各種銷售資訊，進而吸引顧客加入會員，並到實體商店體驗。例如透過電子互動貨架查詢商品資訊。最後，良好的智慧體驗有很高機率分享至社群，也提升品牌的智慧形象。

智慧生活從智慧消費開始

2019 是智慧零售快速起飛的一年，阿里巴巴雙 11 創新高，一日銷售金額高達 2,684 億人民幣；亞馬遜當日銷售金額也創高峰，帶動亞馬遜股價大幅成長，成為第四家破兆美元的大型科技股。

健全的電商零售平臺必須有完整的線上線下整合系統，也就是所謂的 O2O（Online To Offline）行銷模式；科技的突破讓網路得以延伸服務範圍，甚至再發展出 OMO（Online Merge Offline）模式。2019 年大型電商平臺都在擁抱 O2O ／ OMO 行銷模式，讓消費者可以更輕易購買到自家產品，而這也凸顯另一個智慧零售趨勢：消費者購物體驗至上。

智慧零售時代有別於以往「消費者配合零售商」的做法，智慧零售要求的是「零售商配合消費者」，誰能更了解消費者，讓自家產品在消費者的行為路徑上有更多的曝光，誰就有機會將產品銷售出去。這之間所依賴的就是顧客的大數據。

美國傳統零售巨頭沃爾瑪是智慧零售轉型代表之一。為了和亞馬遜、Google 等科技公司競爭，沃爾瑪近年積極推動數位轉型。有別於亞馬遜是由線上發展到線下，沃爾瑪是由傳統線下轉型線上。2019 年沃爾瑪打造了智慧零售實驗室，2020 年 1 月推出「微型配送」，直接由機器人從倉儲內找出消費者購買的商品，交到消費者停車場的車上，這才是未來人們的消費模式。

在許多領域，2020 反映的是一個轉折點，線上經濟發展的威力正式超越線下經濟。之前雙方還明顯呈僵持局面，如今線下已經被線上翻轉。綜合來說，智慧零售有以下幾大趨勢：

一、2020 年 MarTech（行銷科技）將會迎來爆炸性成長。

由於技術門檻下降，愈來愈多人投入 MarTech 的應用，MarTech 使用範圍將變得更寬廣，應用領域變得更精細。

二、O2O 平臺整合大量出現。

為了給消費者帶來最佳的消費體驗，零售商需要打造線上、線下通路的零差異、零延遲、零錯誤；零售商的銷售通路整合為線上線下一體，而如何保障 O2O 平臺的品質，是零售商的新挑戰。

三、零售滲入消費者日常生活。

為了取得更多顧客數據，零售商會更積極走入消費者生活，例如將廣告大量置入社交平臺，有利於零售商捕獲顧客消費行為全貌，增加品牌曝光程度及顧客購買機會。

四、品牌價值來源於行銷科技。

智慧零售時代，消費者主要透過網路接觸品牌、選購產品，因此數位行銷將成為各零售業者的主戰場；消費者要求的不只有產品品質，還有行銷創意、消費體驗，而這些都極度仰賴行銷科技。從好的行銷開始，就已經在為零售商本身創造品牌價值。

綜合來說，想在智慧消費時代中嶄露頭角，必須掌握以下趨勢：

一、掌握消費者消費全貌。

數位消費者行為零散，但未來市場將由數位消費主導，零售商

的挑戰在於從遍布線上和線下的消費足跡中，拼湊出消費者全貌。

二、精準行銷，培養客戶忠誠度。

中國電商龍頭淘寶網的創始人馬雲曾經提到，顧客只要在淘寶網瀏覽，即使沒有實際消費，公司也在創造價值。這句話講的正是顧客忠誠的價值所在。而在智慧生活的時代，只有最了解客戶、即時提供客戶所需的零售商才能脫穎而出

三、全通路整合（Omni-Channel）將更加重要。

全通路整合指的是與消費者接觸點的統整，無論線上或線下，保證消費者能輕易接觸到品牌。做好全通路整合的廠商，才能更輕易從消費者接收的龐大資訊中脫穎而出。

轉型並不容易，尤其是智慧消費需要零售商和消費者相互配合，才能加速轉型進程。臺灣環境尤其保守，在隔幾步路就有一家7-11的環境下，或許臺灣人會納悶，為什麼需要轉型，現在的生活並沒有不便。但智慧消費是時勢所趨，美國、中國、東南亞都已在大力轉型，他們的消費者也開始走入智慧生活時代；擁有豐碩技術與人才的臺灣，現在開始，猶未晚也。

Photo by Franck V. on Unsplash

5

顛覆全球製造業的
關鍵「人」物

AIoT 與智慧機器人掀起的新零售商機

羅仁權

"

　　阿明一早踏入智慧工廠，即由數位化的雲端介面得知所有機械狀況，以及全球供應鏈、協作場的進度。全球供應鏈雖複雜，但透過 5G 低延遲網路與區塊鏈技術，讓相關資訊可靠又即時；機聯網的完整設置，除可即時更新設備情況，還能預測損壞率，大增設備效率；接著，將自動產出的報告轉入用機器學習建立的專案管理系統，再配合 AI 分析預測需求，實現「製造服務化」，提高附加價值。

　　下午，又到了阿明例行巡視廠區的時候。然而，巡視龐大的廠區需耗費多少時間與人力？ 好在可派送低成本的無人機，甚至利用人工智能感測器進行問題診斷。

　　那麼，阿明在面對龐大的工廠員工該如何有效管理？首先，發展成熟的 AR ／ VR 進行員工訓練，大幅減少員工疏失與意外發生率，同時提高勞動效率；而由 AI 支援的人資系統，更可與排程、製造等系統串接，讓這座智慧工廠兼具人性與效率。

"

人工智慧正引領第四波數位科技創新

1956 年的美國達特茅斯會議，讓人工智慧躍然登上了學術殿堂。歷經六十多年發展，人工智慧已經從夢想轉為現實、從獨立走向融合。今天，人工智慧技術正在快速迭代（Iteration）中進化並完善，成為全球新一輪科技和產業變革的主力，以及人類社會發展中最偉大的生產工具。此外，它也跨越了計算科學，實現了與電子、資訊、控制、優化理論，以及認知心理學、社會心理學等多門類學科的廣泛交叉融合。當前，人工智慧產業已涵蓋了數據資源、計算引擎、算法、技術，並基於人工智慧算法和技術進行研發、拓展企業相關應用領域，成為人與社會、人與自然科學對話的工具，並在金融、電商、醫療、保全、製造和娛樂等產業互動發展中，得到廣泛認同和科學應用。

人工智慧正引領第四波數位科技創新。數位科技的發展自 2000 年至 2020 年間，歷經網際網路（Internet）、行動網路（Mobile Internet-real time, anywhere）、物聯網（Internet of Things-cyber and digital convergence, IoT）、人工智慧和機器人（AI and Robotics—knowledge, human-robot collaboration），人工智慧與機器人系統已開始進行廣泛的商業化應用，此過程中將對產業、企業和個人，產生不同層次的效益和附加價值

上個世紀，美國汽車工業從人工組裝發展到機器全自動組裝，汽車製造商得以增加產量，並因此創造更多工作機會，使美國成為地表最強的經濟體。與全球先進國家的製造成本比較，儘管中國仍擁有低廉的勞動力成本優勢，但隨著全新製造趨勢崛起，組裝業務的地區性成本差異將會消失。尤其在愈來愈多工業機器人投入生產線之後，使用機器人降低生產成本的效益將隨時間而顯現出來。

全球智慧製造系統發展趨勢

工業 4.0、智慧製造、網宇實體系統（CPS）[1]等均為近年推動產業轉型升級的熱門議題。整體來說，工業 4.0、智慧製造、CPS 等議題間有密切的關聯。其主要鏈結在於強調如何透過物聯網軟硬體的整合應用，將傳統生產、製造、物流、服務等工作或活動有效串聯，以利快速、高效、高品質、客製化全方位相關需求服務。工業 4.0 主要內容是期望運用智慧製造、CPS、物聯網及一系列新一代資通訊技術（Information and Communication Technology, ICT），將整體產業導入，並真正實現第四次工業革命。

現階段各國對於智慧製造及相關策略發展，均為各國重點討論及政策重點布局核心。其中最具代表性的就是美國的「國家先進製造戰略計畫」、德國的「高科技創新戰略 2020」、日本第五期科學技術基本計畫的「超智慧社會 5.0」，以及中國十三五（第十三個五年規畫）中的「中國製造 2025」。前述計畫均是較上層的科技大方向計畫，其下則包含美國陸續設立各研究中心、德國工業 4.0 相關計畫、日本物聯網及相關先進製造計畫等，均著重於工業 4.0、智慧製造及虛實整合相關領域發展，而這些政策發展均與臺灣息息相關。美國前總統歐巴馬曾於 2014 年正式宣布啟動先進製造夥伴 2.0（Advanced Manufacturing Partnership 2.0, AMP 2.0），主要目的在於提升製造業的實力，進一步協助產業機會回流美國，加強競爭力。

德國在智慧製造領域的努力，可說遙遙處在國際領先地位。最早於 2011 年 1 月，即正式啟動「高科技創新戰略 2020」，計畫目的在於調整德國國家創新結構上的缺失。德國的布局策略較偏向結

---

[1] Cyber Physical System，指結合電腦運算領域及感測器和致動器裝置的整合控制系統。

合完整的物聯網、智慧工廠、智慧機械。德國正是透過網路，讓機械及各類型製造工具能互相溝通，並進一步達到虛實整合效果；布局重點即在強調虛實整合，並透過模範領導廠商，有效針對全世界行銷，這也是德國現階段主要 4.0 布局相關戰略。

日本在智慧製造及工業 4.0 領域相關研究上也頗有著墨。日本最早在 2013 年即提出產業振興相關計畫，目的即在透過創新計畫、科研經費與製造業競爭力、人力資源、產業界發展重點這四大觀察面向，進一步加強產業競爭力。為此，日本特地整合這四個面向，正式於 2016 年 4 月提出「日本創新 25 計畫」（Innovation 25），企圖有效提升日本 21 世紀在工業與技術等重點能量，打造出極具競爭力的「智慧日本」；並藉此實現「超智慧社會」，強化共通基礎建設、重視人才，同時進一步運用物聯網、大數據、人工智慧、網路安全，感測器、機器人、材料與奈米技術等等。

中國在發展方向上，主要策略圍繞在如何從製造大國邁向製造強國，而最重要的計畫「中國製造 2025」，主要是依據「第十二個五年規畫」中，明確訂定未來需朝高級設備及製造業領域中的重點方向進行研究，並進一步思考國家經濟發展潛力和未來發展空間。這部分可說是極富中國特色的工業 4.0。「中國製造 2025」主要涵蓋三步驟：第一步規畫在十年間針對重點領域及技術進行強化，有效提升中國製造品質。這步驟將以製造業數位化、網路化和智慧化為主；第二步是期望中國在 2035 年，將製造業水平拉抬到世界製造強國中等水準，整體創新能量大幅提升，成為全球創新領導國家；第三步則是目標在一百年內，讓中國製造業大國地位更穩固、綜合實力進入世界強國行列。

歐盟在 2014 年起提出「展望 2020 計畫」，目的在於運用各類

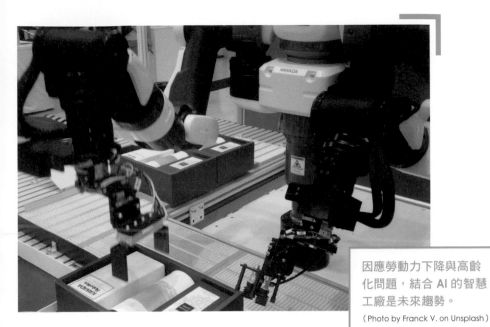

因應勞動力下降與高齡
化問題，結合 AI 的智慧
工廠是未來趨勢。
（Photo by Franck V. on Unsplash）

型補助，以及在跨單位甚至跨國上的合作，解決人類社會基本問題。在這當中，智慧型先進製造系統即是最受重視的關鍵技術之一，計畫架構鎖定在「未來工廠」（Factories of the Future）。這項計畫期望以先進技術突破現有技術框架，改善歐盟在製造產業的體質。

機器人的國際發展走向

工業機器人發展走向技能化，也逐漸進化為具擬人之檢知、推理、決策功能，包括重視離線編程軟體、機械手臂精度、剛性、校正、補償裝置、力量控制，並導入數位雙生技術改善設計流程與產品開發時程。如此一來，即可完成目前大多數由高階人力進行加工的技藝性精密工作。

「未來工廠」並不意味著「無人工廠」，而是將人納入智慧系統設計，結合人工智慧與人的智慧。工廠從業人員藉由技術支援提升自身能力，依據情境和前後相關目標設定，進行調節與規畫智慧網絡化的生產資源和步驟。人的角色並未被邊緣化，工作人員由單純的生產操作者或體力勞動者，晉升為決策控制者和流程管理者，由此解決勞動人口減少和高齡化問題，支援未來高齡從業人口體力負擔。

協作型機器人是未來趨勢

協作型機器人可靈活調整生產作業的智慧化，更符合日後少量、多元的客製化訂單需求，同時也可解決勞動力短缺問題。因此，協作型機器人在工廠的表現備受注目，也是機器人廠商積極發展的產品線。協作型機器人與一般工廠內應用的工業型機器人最大的不同，在於能不受安全柵欄限制、與人共處完成作業程序。而機器人要走出柵欄限制，安全性為關鍵（圖2）。

而今，協作型機器人更進一步的發展訴求，是要減少生產過程中治具成本的投資，讓機器人產品打破工業型或服務型的界線，以多元化的樣貌展開競爭。

ROS 機器人開發及產業應用主流

機器人操作系統（Robot Operating System, ROS）是一個開源系統，為機器人應用程序提供了一道共用框架，包括機器人開發所需的工具及資料庫。五年內所銷售的機器人，有將近百萬或達55％的機器人使用 ROS 作業系統。

由於許多企業利用機器人來布局廠內自動化，需要做出快速的

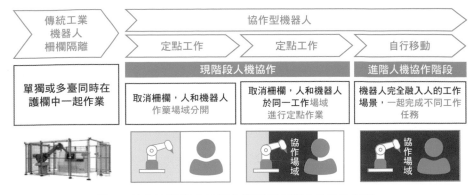

圖 2、協作型機器人的操作類型與相應安全措施規範

建制和調整,經由 ROS 系統的開源資料做二次開發,以減少開發時間。人工智慧及物聯網的發展,為工業自動化增添許多創新技術,未來機器人的介面將逐漸簡化,推出不同產業所需模組,而機器人也將具備語音、學習能力、移動性及靈活性。ROS 2 於 2017年發布了正式版,不同於 ROS 1 只支援 Linux,ROS 2 支持 Linux、Windows、Mac、RTOS。ROS1 採用集中式系統傳輸方式;ROS2 則採用分散式系統傳輸,基於數據分發服務技術(Data Distribution Service, DDS)透過點對點模式傳輸。DDS 以往多用於國防領域,是以訂閱模型為概念做數據即時傳輸,每一個參與者都可以成為寫入及讀取對象。也在 DDS 技術加入後,ROS 2 系統因而達到即時性、持續性及可靠性的優化。

跨越工業與服務業,新世代機器人誕生

近年服務型機器人蓬勃發展,主要來自人工智慧與電子技術的進步。例如感測器技術,讓機器人透過多種感測器融合產生像人的動作能力;以及語音語意辨識技術、視覺技術和新一代機器人作業

系統通訊技術等等。

全球目前超過七成的服務型機器人產品來自日本，日本企業與學研機構已展現大量服務型機器人研究成果。不過日本機器人王國的地位目前深受美國企業的挑戰，尤其在 Google 明白表示對機器人產業的興趣後，矽谷或波士頓等新創企業重鎮，已掀起一股機器人熱。Google、微軟、Facebook、蘋果、IBM 等 IT 公司正積極爭搶人工智慧的主導地位，這些科技巨頭均有人工智慧相關技術與產品，且逐步讓人工智慧價值透過機器人彰顯出來。日本長期以來投注大量資源研發，在工業機器人與服務型機器人產品上擁有領先地位；美國如今則憑藉豐沛資金急起直追，特別是在軍用、救災、家用、醫療手術用機器人，不斷以人工智慧技術結合機器人產品推陳出新，挑戰日本機器人王國的地位。

新世代服務型機器人技術需求，將以滿足仿人敏捷性、語音辨識、情緒感知等為三大訴求。仿人敏捷性：手眼力科技整合型控制器、精密級感測器的發展；語音辨識：以機器人語音對話技術取代觸控介面溝通；情緒感知：巨量資料、雲平行運算技術和智慧認知技術。

現在機器人不僅能辨識環境，甚至可辨讀情感，更自然地與人互動。因此，機器人開始出現在賣場、飯店等服務業場域。服務業的工作內容中大部分必須與消費者互動，過去機器人無法勝任與消費者直接溝通，僅僅在內部的工作流程（如搬運重物）導入使用。然而，隨著溝通型機器人推出，機器人也能是接待、嚮導，還有娛樂客戶的效果；商用型機器人應用市場極具未來發展潛力。

隨著人工智慧技術的進步，機器人智慧化已成為 2030 年前的發展重點。機器人在型態和功能上的日趨多元化，使資通訊技術在

機器人協作應用中變得更重要，也是臺灣業者投入的契機點。

　　臺灣的製造業在全球產業具有一定的地位，如今服務業亦積極發展，再加上高齡化社會正是發展服務型機器人的最佳機會。因此，臺灣應善用目前優勢，建立起產業能量。策略上，可借力國際能量，建構國家級示範應用平臺，並與全球大廠及標準實驗室共同研發技術、介接標準和測試技術；此外，定位專業服務解決方案，結合專業領域知識，建立高價值應用服務生態體系，以及臺灣在自主零組件、模組、製造、服務等高值產業的願景。機器人產品將就此打破工業型和服務型的界線，以更多元的樣貌展開競爭。

AIoT 與機器人的應用新商機

智慧製造是什麼？

　　智慧製造的目標在於提升現有生產製造的能力，透過物聯網與自動化技術導入，解決工資上漲和缺工問題，並滿足客製化、個性化的需求。

　　智慧製造已是每個具生產製造項目的企業難以抵擋的潮流，而必須藉此樹立生產系統的新價值，發展出優化、聯結、大量客製化生產的情境。這個情境的建置流程包括：生產數據與良率資訊的掌握；機器人導入與高效使用；物聯網的建置及利用 AI 優化製程。

實現新一代資訊通訊技術的最佳載體

　　科技已逐漸由原有的三種雲端模式 IaaS、PaaS、SaaS 演進到

RaaS（Robotics as a Service）。機器人資訊通訊技術彼此間存在高度的共生關係。機器人將是掀起全球經濟革命的人工智慧、5G、物聯網、大數據（Big Data）、雲計算（Cloud Computing）等資訊通訊技術的最佳載體。

AMR（自動導引車）逐漸演化為彈性、靈活、能獨立自主航行的 AMIR（自主移動機器人），部署物聯網建構智能製造；IIOT是機器人的上位系統讓生產系統資訊化，實現按需生產單純執行抓取上下料，組成柔性生產系統，共同完成加工工藝、工業機器人工具機化。新安裝工業機器人將具備人機協作、自我診斷等功能。工業機器人製造商已從硬體向上延伸，發展整合軟硬體的平臺服務技術，積極擴展自身疆域，從邊緣到雲端，全面布局工業物聯網生態。

智慧科技的三大主軸

智慧科技就是輔助人類解決生活問題的科技。資策會產業情報研究所的報告指出，機器人科技、物聯網與大數據分析，被公認是智慧科技的三大主軸，這三者之間彼此影響。首先是物聯網所佈建的大量感測器，產生前所未有的巨量資料；這些巨量資料又促成了人工智慧進展；再藉由人工智慧進行巨量資料的分析與評估，並增進機器人的運作能力；機器人的運作更帶動周邊感測器進行數據蒐集。三者間互相帶動，形成一個科技進步的正向循環。如果把智慧機器人看作是一種移動型的智慧機械，代表著物聯網與人工智慧發展，正是推動智慧機械進步的重要驅動力（圖3）。

巨量資料、演算法與硬體運算能力驅動了人工智慧成長。人工

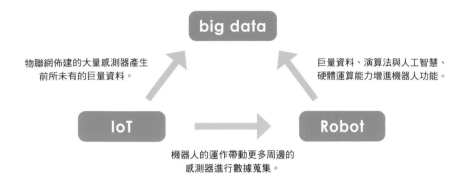

物聯網佈建的大量感測器產生
前所未有的巨量資料。

巨量資料、演算法與人工智慧、
硬體運算能力增進機器人功能。

機器人的運作帶動更多周邊的
感測器進行數據蒐集。

圖 3、機器人科技、物聯網與大數據為智慧科技的三大主軸

智慧演算法有早期的專家系統,透過人類專家來定義知識法則,機器模擬專家的思考模式解決問題,演化進步到近來的機器學習。由人類專家抽取資料中的特徵,再交給機器學習,產生預測判斷的能力。最近幾年快速崛起的深度學習技術,則是機器自動由資料中抽取特徵,自行深度學習,建立預測與判斷能力。在影像分類、語音辨識等領域中,甚至已有超越人類的能力表現。

在工業生產智慧化中,物聯網、智慧機械與智慧機器人都是第四次工業革命必備的關鍵技術。國際上發展物聯網的趨勢,已由「技術導向」轉為垂直的「應用價值鏈整合」。透過建置工業 4.0 及物聯網,全面性蒐集資料,作為後端智慧決策的完整依據,不但能打造有價值的產業應用生態系,還能帶來更全面的影響力。

AI 與 IoT 在智慧機械與智慧機器人的關鍵應用

工業物聯網的建置,從設備聯網、訊息可視化、資料分析,產

生有益於產能或管理的功效。落實完整的規畫，才能發揮物聯網所帶來的真正價值。

以數位化轉型建構人工智慧應用，需先整合廠房內所有機臺的資料。機臺資料擷取與傳輸為其中一項關鍵技術，要盡可能提高機臺連線數，將感測器、控制器蒐集來的資料，應用在如主軸振動監控技術、刀具破損與超載監控技術等面向；後續再整合機臺健診、MES系統資料做AI運用分析。整合資訊技術（Information Technology, IT）、操作技術（Operation Technology, OT）、通訊技術（Communication Technology, CT），可加速數位化轉型。尤其製造業使用的設備多元，了解每個設備的通訊協定及整合，都需花足心思規畫。同時，製造業也應以數位轉型，建構人工智慧應用數位雙胞胎，透過模擬、生產、回饋三大步驟進行升級，並結合自動化軟體，例如數位雙胞胎應用、擴增實境或虛擬實境，以及輸入實際資料進行運算回饋至機臺或設備，提升製程的智慧化能力。

決勝新零售的最後一哩路

新型態零售服務蓬勃發展，讓全球90％的零售業開始思索將自動化與數位科技引入作業環節。透過智慧化及自動化取得商品銷售活動生成的大量數據，再以人工智慧分析數據，創建一個具預測功能的新零售服務體系，即可支援新零售高效服務的智動化倉儲技術。電商產業的需求拉升了智慧倉儲的建置需求，包括自動化倉庫系統、自動化搬運與輸送系統、自動化揀選與分揀系統、電控系統與資訊管理系統。

國際大型物流服務體系應用智慧解決方案早成趨勢，如亞馬

遜、DHL 等紛紛從倉儲智動化理貨著手，正確配貨、省人省力理貨、快速出貨及送貨，加速滿足新零售服務需求。例如亞馬遜的移動機器人 Kiva（奇娃），橘紅色的外型就像數倍大的家用掃地機器人，機器人上方還揹著十層高的盒艙。亞馬遜採用創新的做法，由採集員將貨物隨機地放置盒艙內，由人工智慧系統追蹤貨物位置，如此一來就不會因某項熱賣商品而導致倉庫塞車，拖垮裝箱速度。機器人沿著地上的二維碼沿路收取貨物，最後運抵挑貨員的工作站。挑貨員面前會有數個機器人，電腦螢幕顯示訂單的同時，系統會指示應將哪個機器人的貨品放進黃色的「購物箱」；裝妥的箱子會被推上輸送帶，一列列運到下一站給包裝員；系統會自動建議包裝員選擇何種大小的箱子，並搭配一臺可量測適當長度膠帶的機器，以利快速封箱。經過掃描機和磅秤確定貨物與訂單吻合後，郵寄標籤快速透過機器貼到每個包裹外，包裹滑到經分類的推車後被送上貨運車。自 2012 年引進機器人在倉儲中心工作後，目前全球已有超過 10 萬臺機器人與 25 萬名倉儲人員展開這樣的智慧分工。

　　電子商務已使全球零售業產生巨大變化，中國、美國深受影響，可預期的是倉儲系統會加快自動化走向智能化。電商發展除了需要 AGV（Automated Guided Vehicle，自動導引車）、AMR（Autonomous Mobile Robots，自主移動機器人）、AMIR（Autonomous Mobile Industrial Robots，自主移動工業機器人），亦需智慧化倉儲系統的建置。以關鍵技術建構中小企業智動化倉儲系統的成功關鍵因素在於：強有力的智慧調度技術、高效率的智動化儲運技術，以及可吸引流量的高價值服務方案。新零售就是物流、金流、資訊流的戰役，高效能的智動化倉儲系統是致勝關鍵。

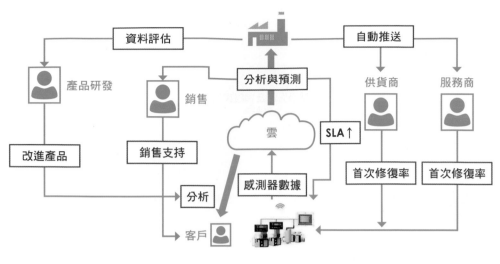

圖 4、德國 KAESER 透過人工智慧與物聯網改變商業模式

智慧製造與儲運自動化的轉型升級策略

產業發展策略的新思維

以往「由左想右」的技術導向思考，應轉為「以右引左」的市場需求導向。未來產業也將由少樣多量，走向多樣少量的客製化型態。尤其在新的商業模式中，大多數創新都須由市場來驅動。產業除了面對來自企業客戶的需求，也需要了解終端消費市場需求。例如空氣壓縮機製造商透過物聯網改變商業模式，其新的商業模式構想是：為客戶創造價值的是壓縮空氣，而不是壓縮機！ 德國 KAESER 在其空壓機產品上裝設偵測空氣壓力、溫度的感測器，依據感測器記錄的空氣壓縮量向客戶收費，協助客戶節省荷包。並運用 SAP HANA 雲端服務平臺分析、預測各地機臺使用情況，並在機臺故障前就主動維修（圖 4）。

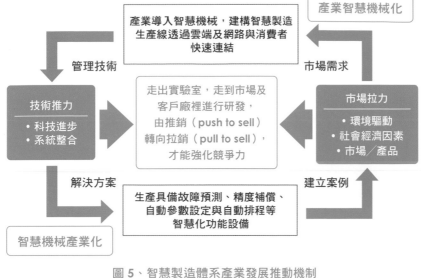

智慧製造推動機制

圖 5、智慧製造體系產業發展推動機制

產業的發展機會與挑戰

　　推動製造業發展，以及導入智慧製造應用方案的核心價值，需要藉由新的市場競爭與客戶服務工具，多元化提高企業獲利能力，並逐漸改善產業生態結構，形成永續發展動能。尤其應強化國際鏈結，拓展國際合作空間，並在國際供應鏈中建立新價值，藉以創造高值就業的新工作價值，同時提高薪資成長空間。

　　智慧機械產業在臺灣的發展機會與所面臨的挑戰，在於製造應用領域、智慧化工具機與專用生產設備、智慧型工業機器人、智慧化生產系統、智慧化模組與零組件，都是值得國內產業界優先發展的智慧機械項目。此外，加強促進產業 AI 化及 AI 產業化：在促進產業 AI 化上，以專業顧問服務企業，找到能力強的演算法發展夥

伴，讓企業縮短時程與開發成本；在促進 AI 產業化上，同一資料集除解決現有問題外，也提供人才培育及演算法長期優化的舞臺，最終協助專有產業鏈上下游完成分工（圖 5）。

工業 2.0 走到工業 4.0

由工業 4.0 當示範，帶領工業 3.0 普及化，並補上工業 2.0 的缺口；由工業 4.0 新模式移植數位化及自動化技術工業 3.0 與工業 2.0；藉由工業 4.0 帶動智慧製造設備產業發展智慧製造；加強智慧製造設備發展；加速關鍵軟硬體技術發展；構建工業互聯網基礎；深化智慧製造重點示範推廣；培育智慧製造生態體系。如促成主營業收入超過 20 億新臺幣的智慧製造系統解決方案供應商達 50 家以上；加大培育工業 3.0 能力廠商普及化力道；加速輔導區域性優勢產業，實現智慧製造轉型升級；加速輔導待補缺口的工業 2.0 廠商；加強培育智慧製造相關人才，以及鏈結國際智慧製造標準法規。

智慧製造點燃的新零售戰役

在臺灣許多關於「智慧生態系」的論述中,「智慧製造」是最常被提及的議題。主因在於臺灣大多數企業均以製造業為主,而中國近年由於人口紅利不再,也積極走向智慧製造的發展方向。

然而,關於智慧製造的討論均集中於生產過程的「優化」(optimization),和近年德國流行的「工業 4.0」相結合,雖有許多深度討論,焦點卻相對狹隘,缺乏整體宏觀的視野,以及全球「供應鏈」生態圈重新設計,是一遺憾。也正因如此,羅仁權教授以AIoT 和機器人的角度、切入智慧製造領域的大作,令人格外耳目一新。

近年,全球在機器人的併購交易價格都非常驚人。2012 年 2 月,亞馬遜以 7.75 億美元收購 Kiva,以提高其生產毛利並支持擴建廠房計畫。Kiva 為發展物流管理機器人、機器人協調系統的公司。2016 年,中國家電大廠美的集團(Midea)以 50 億美元收購德國工業機器人大廠庫卡(KUKA)集團,希望藉由 KUKA 的工業機器人和自動化生產領域經驗,進一步提升生產效率。

新零售是物流、金流、資訊流的戰役,電商的崛起拉動了智慧倉儲的需求,包括自動化倉庫、自動化搬運、自動化揀選,以及電控和資訊管理。而智慧產業發展要有新思維,不只要關注企業客戶的需求,還要了解終端消費市場的需求。

臺灣的智慧製造不僅需要技術推動,也需要市場拉動。兩相結合讓研發人員到客戶及市場中做研發,才能強化智慧製造競爭力,用工業 4.0 的示範帶領工業 3.0 普及化,補上工業 2.0 的缺口,其中

尚需政府、市場、技術人員多方攜手合作。

　　全球機器人操作系統（ROS）的市場規模將在 2023 年達到 2.76 億美元，在 2018 到 2023 年複合成長率為 10.91％。臺灣在機器人產業的水平相當高，羅仁權教授正是該領域的權威。機器人的核心技術是控制器，臺灣恰恰擁有這方面的技術，因而具有相對競爭優勢。

　　以往我們覺得機器人就是負責生產製造，難以和「智慧製造」做出連結；如今機器人的運用層面早已不限於工業製造，更進階到許多商業應用，例如在倉庫負責搬運貨物，這正是亞馬遜及中國阿里、京東方等大型電商所依賴的關鍵技術。未來在宅經濟時代，預計應用上將更加普遍。

　　除此之外，機器人在賣場、商店、醫院、公共設施和家庭等各種場域，都能扮演一定的角色，成為人類最佳助手。重點是機器人未來可大可小、可固定、可移動，基本上就是機械＋資訊＋人工智慧的整合體。簡言之，未來所有物件都有可能「機器人化」。

新金融時代的崛起

AI 攜手區塊鏈，打造智慧金融變革年

王可言、林蔚君

　　柯南在某次偵查辦案時，弄丟了兼具蒐集資料與支付功能的智慧手表，於是柯南決定在手部虎口處植入 NFC 感應晶片，往後伸手便可直接進行轉帳支付。有次柯南搭機到瑞典，一下機場，機場人員透過攝影讀取柯南的臉部圖像，確認柯南為 VIP，立刻通知相關人員接送柯南到五星級飯店。抵達飯店後，柯南心情很好，對著司機後座椅枕上的螢幕進行刷臉支付，給了司機一成小費。

　　瑞典央行總裁聽到柯南來到瑞典，盛情款待，還帶他到央行總部參觀即將推出的央行數位貨幣 CBDC。總裁驕傲地說以後瑞典人只要輸入手機密碼即可跨行轉帳，而且瑞典很早就採取無現金支付了，像是瑞典國鐵利用植入式微晶片當作車票，只要一揮手就能輕鬆驗票。

　　柯南覺得這一切都太神奇了，回國之後開始研究智慧金融相關研究，發現原來還有理財聊天機器人跟一些小額投資的智能理財工具。他決定之後要開發一款具聲波付款功能的工具，最好能直接用於股市喊價，如此一來再也不需要使用手機下單。

　　分析產業發展歷史，產業變革可分成三個階段（圖1）。第一階段是「品牌產品驅動」時代（Product Paradigm），二次世界大戰後美國霸權崛起，歐美企業透過品牌和產品的全球化，到他國攻城掠地，透過品牌行銷取得國際市場。這一階段的競爭力，取決於產品的性能、價格、選擇、智慧財產權與品牌及供應鏈經營。

　　第二階段是 1995 至 2016 年的「服務創新驅動」時代（Innovation Paradigm）。1995 年後網際網路（Internet）與電子商務興起，導致產業價值認知由硬體產品轉移到軟體服務，對產業趨勢及競爭模式產生顛覆式的改變。這階段的競爭力建立在事業與服務模式創新、使用者體驗優化、全球整合與服務與生態系統經營。

　　2017 年起全球產業邁入第三個階段：「智慧創新驅動」時代（Intelligence Paradigm），這時代的重點在於數位經濟的智慧化。由於社群網絡、智慧手機與物聯網等廣泛地使用產生各種大量數據，這時代的競爭力在於數據的取得、分析、感知、應用、融合、內化成可執行的決策，以及取得消費者回饋等能力。上一個時代數位經濟的網路佼佼者具備擁有資訊的強烈優勢，這些領先者為了保護其優勢，嚴格管控其蒐得資料之使用，形成了資訊的黑洞。

　　創新驅動時代重視服務網絡的建立，以及將整個生態系統的價值集中整合，因此服務價值鏈轉由平臺驅動；在智慧驅動時代，開放生態需要融合各種多元資訊，由利益關係人包括用戶透過去中心化形成生態圈，分享資料、資源與價值的共創共享。此時需要一個可以整合夥伴應用的 API（Application Programming Interface，應用程式介面）平臺和跨雲大數據的整合平臺。公司把應用拆解，把資訊、分析或服務程式模組放到雲端，用 API 介面開放出來。創新者可透過開放 APIs 組合加值創造出新的 API 或應用，再透過分潤模式

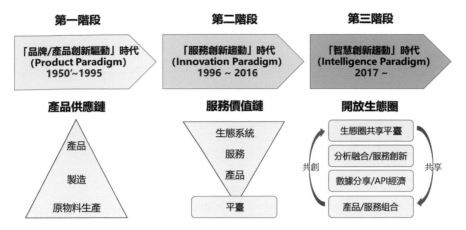

圖 1、全球產業變革三階段

資料來源：王可言，臺灣金融科技公司 Fusion$360

分享價值，整個生態圈可以藉此加速創造和分享價值（圖 1），並滾雪球式地指數成長，這被稱為 API 經濟。自 2010 年起，Safesforce 運用 API 經濟為基礎，創造出全球最快速成長的生態系統，就是最佳典範。2015 年 IDC 估計 Safesforce 生態系經濟價值到 2018 年將達 2720 億美元及 100 萬個工作；IDC 在 2017 年更估計，2016 年到 22 年 Safesforce 生態圈將創造 8950 億美元的價值和 330 萬個工作機會！這解釋為什麼 2019 年 10 月後，營收僅 1300 億美元的 Salesforce，市值已超過 IBM，2020 年 7 月以 1700 億美元市值超越 Oracle。

第四波創新：
人工智慧／大數據引領產業新價值創造

在智慧驅動的時代，筆者把融合資訊生態系（Data Ecosystem），解決方案生態系（Solution Ecosystem）與服務生態圈（Service Ecosystem），以數據驅動（Data Driven）的經濟與價值分享模式，

缺乏銀行服務的硬需求	金融海嘯銀根緊縮	對金融業失去信任
電子商務崛起沒有銀行帳戶或不信任電商的顧客需要透過第三方支付服務業者協助付款例：PayPal、支付寶	一般人與中小企業因銀行銀根緊縮，借不到錢，科技業者跨域透過科技媒合借貸，降低風險，解決普惠金融問題例：Lending Club	區塊鏈發起者期待透過去中心化的共識機制，建立一個分散式、不可竄改、不可否認的新支付系統例：比特幣

機會：
WEF：開發中國家中小企業融資的缺口：$2.3 兆美金
WEF：全球 25 億成年人無法取得金融服務

圖 2、金融科技的緣起
資料來源：王可言、臺灣金融科技公司 Fusion$360

稱作「生態圈經濟」。從結構性或非結構性數據的累積開始，透過跨域跨業的開放 API 平臺，有償可控的整合、分享、鏈結生態圈夥伴優異功能，從產品到服務，整體協同創新，一步步開發新潛力市場，運用大數據與人工智慧虛實整合，全通路與隨時在線的模式，進一步創造新價值，並公平分享整體價值，達到數據、分析與金融服務民主化的目的。

發展 AI 須以大數據為基礎，才能發展技術及場域應用。那麼大數據從哪裡來？現在人人幾乎都有手機、穿戴式設備，每時每刻不斷地產生數據，不管是在雲端、行動裝置、物聯網或社群媒體，資料量龐大，這些皆是產生大數據的途徑。

金融科技的興起和一般資訊科技一樣，由需求所驅動。當電子商務興起，許多人因沒有信用卡或銀行帳戶，或有帳戶卻不信任網路商家，於是第三方支付服務商 PayPal 應運而生。2008 年金融海嘯後，金融業緊縮銀根，讓許多急需用錢的人及中小企業借不到錢。為滿足這些需求，一些科技業者跨足金融，提供端對端（P2P）

網路貸款媒合服務。2017 年資誠全球金融科技調查報告（PwC Global FinTech Report）指出，全球逾八成金融業憂心營收流失，與金融科技公司合作趨勢成形。2017 年，全球知名市調機構麥肯錫（McKinsey）預測 2025 年前，銀行 40 ％營收與 40％利潤，會被大型電商（如亞馬遜、阿里）或大型科技公司（如蘋果、Google）跨域分走，金融科技公司反而將成為協助銀行轉型的主要助力。

在引進新技術與創造新事業模式的潮流下，造就許多金融科技獨角獸公司（估值超過十億美元的新創公司）。這些獨角獸公司包括：借貸俱樂部（Lending Club）、SoFi、Oscar、螞蟻金服、陸金所、眾安保險、Atom Bank 等，以及大型電商或科技公司，它們運用科技與新資訊，提供隨時、隨地、即時、快速、高效、便宜，甚至免費的創新金融服務，撼動了現有金融機構市場，並激勵金融業自 2014 年起對金融科技大量投資。

金融科技驅動數位轉型

金融業是一個受高度監理、習於避險、高成本合規的產業，因此金融業一向是被動提供服務：顧客必須準備好許多資料，提出申請，經金融機構審核批准後，才能取得服務；另一方面，金融科技服務則以科技輔助，提供普惠、低門檻、安全快速、高值好體驗的服務。因此，當金融遇上資訊科技，金融業將被迫主動提供更便民的服務。然而，由於風險掌控與監理防洗錢防資恐的嚴格要求與高合規成本，金融業者很難提供可獲利的普惠金融服務，卻又不能在這個決定未來金融模式的前期大戰中缺席。儘管諸多業者投入大量資金和人力，仍成效不彰。全球銀行每年在客戶相關技術、流程和

未來分行計畫上總計花費 200 至 300 億美元。然而，根據廣泛認可的行業指標，銀行業仍是客戶滿意度和體驗最差的行業之一。

在 AI 與數位科技的驅動下，每個產業都會被顛覆，而抗拒改變的企業一定會遭淘汰。因此，若要不被淘汰就得掌握趨勢，發展新模式與價值去顛覆對手。轉型關鍵在於速度，反應慢者就會被顛覆者消滅。競爭力在於開放、感知、自動化、API 結合業務流程管理（BPM）系統等。透過共享經濟、API 經濟、代幣經濟，以及整合 AI、大數據、區塊鏈、源端、物聯網的基礎平臺設施，蒐集整合數據、降低門檻，同時針對傳統金融業不願或無法提供金融服務的普羅大眾與中小企業，提供普惠金融。

也因此，過去十年，全球興起了我們前面談到的許多金融科技的獨角獸。這些金融科技獨角獸提供如保險快速理賠、免手續費的交易、最低手續費轉帳和跨境匯款等服務。儘管在研發資源不足大廠的情況下，金融科技公司通常難以從科技創新勝過領導廠商。然而，顛覆式創新通常從低於主流市場需求的服務，包括便宜、快速交易、貸款、匯款等面向切入，再逐步提升服務價值，進一步滿足主流市場需求。例如螞蟻金服的支付寶、眾安保險低價高頻的旅平險。

螞蟻金服以淘寶、天貓等電商，還有簡易的端到端支付資訊，了解阿里生態圈的用戶與中小微企業需求，對他們提供快速貸款、秒貸、小額、短期融資。這跟現今金融業的做法完全不同；在淘寶上提供買假貨退貨保險的眾安保險，推動的則是高頻低價的保險，與人壽保險的高價低頻保險性質也全然不同。這些金融科技公司志不在搶走金融業、保險業的生意，因為它取得的是全新的客群與全新的市場，做的是金融界過去不做的生意。

傳統金融業一直認為金融科技公司是競爭對手，殊不知，跨境

而來的大型電商才是真正的顛覆者。以亞馬遜為例，擁有大量用戶與商家資訊，比銀行更了解其顧客與夥伴。這些大型電商公司擴大服務面向，跨入金融服務範疇後，即可以直接取代其生態圈內的銀行業務。

區塊鏈建立 API 經濟平臺的數據可信度

區塊鏈的特色包含去中心化、開放、共同參與、安全可靠、不可逆轉、無法竄改、公開透明……這些都跟建立信任有關。區塊鏈技術的主要構成是基於密碼學、分散式網路及共識演算法，提供一種分散式帳本與加密貨幣（cryptocurrency），並以智能合約（smart contract）形式，開發各種點對點分散式交易應用。區塊鏈最大的價值，就是在缺乏信任的環境中，透過區塊鏈形成共識機制，做出各方都能信任的決策。2017 年資誠全球金融科技調查報告指出，全球 77%、臺灣 100% 受訪的金融公司計畫於 2020 年在生產系統中採用區塊鏈技術；國際研究暨顧問機構 Gartner 估計，區塊鏈價值將由 2018 年的 20 億美元，快速提升到 2030 年的 3.1 兆美元，平均年成長率為 88%，為顛覆式科技中成長最快的科技應用。

代幣經濟則是運用代幣，配合公平、合理的利益分享機制，激勵使用者對生態圈做出貢獻及分享經濟效益；也就是說設計一個獎勵回饋機制，當生態圈成員對生態圈產生貢獻時，以代幣來獎勵，創造良性循環。由於代幣經濟遭一些詐欺者汙名化，筆者與幾位專家特別出版《代幣經濟崛起》一書，介紹代幣經濟的價值，並分享辨識詐欺與創新者的方法。在價值分配上，代幣經濟是非常重要的工具，若從區塊鏈中拿掉代幣經濟，就像少了一隻腳的桌子，無法

穩穩立足於當前的經濟市場。

未來十年，金融服務大變革

　　未來十年，每個產業都可能被智慧數位經濟顛覆。普惠金融、開放金融與智慧科技在這十年內對金融服務模式帶來的轉變，將遠超過六百年來金融業的改變歷程。金融是國家競爭力的基礎，臺灣不可不慎。普惠金融建立在開放、感知與自動化、API ／ BPM、共享經濟、API 經濟、代幣經濟的基礎上。AI 及大數據分析是智慧數位經濟的轉變驅動力，但 AI 要落地，還需要融合場景應用、大數據取得（開放）、模式改變（感知與自動化）、跨域跨業流程整合（API、BPM）、價值創造（共享經濟、API 經濟、代幣經濟）。AI需要大量建立在 API、區塊鏈、雲端、大數據、物聯網基礎上的數據，共用、共創、共享、共榮的開放生態圈不但是合理合法取得大量數據的優秀模式，還可以透過生態圈夥伴互相導客，締造滾雪球式的業務成長，再透過代幣經濟分配生態圈的價值。

　　未來十年，開放生態圈很可能打敗今日縱橫全球的大科技公司（Big Tech）。因此，發展根留臺灣、進軍全球的開放金融科技生態圈與普惠金融服務，需要創新企業有志一同。

　　展望金融業大環境，新興金融科技公司將如雨後春筍般不斷崛起，這個浪潮帶給傳統金融業者龐大的壓力，數位轉型是必然的趨勢。相信未來我們將看到開放銀行、區塊鏈快速理賠、理財機器人等服務普及於消費大眾的生活中。轉型過程中，創新的速度、數據的數量、人工智慧與區塊鏈應用的有效性，是能搶占市場的成功關鍵。

Open Data 巨量化，首重機敏資料保護

　　大數據的取得能力是 AI 競爭力關鍵，而最有價值的資料通常是個人或機敏資料。取得機敏數據，第一要務是建立資料產生／擁有者對使用者保護其資料的信心。使用者擁有妥善保護機敏資料的能力，才能獲取支配權者的信心與分享；使用者也必須將創造的價值部分回饋給資料擁有者，才能吸引更多資料分享。

　　另一項重要的大數據來源為私有數據（My Data），例如個人資料或供應鏈資訊。就算是供應鏈的龍頭企業，也不一定擁有整個供應鏈資訊，因為協力廠商未必願意分享這些機敏數據。那麼如何取得協力廠商的資料呢？例如使用協力廠商重視的物件或資訊交換，只要交換內容具備足夠吸引力的價值回饋，協力廠商就可能願意分享，而提高其本身與整體供應鏈的可視度，讓核心與協力廠商依據供應鏈狀態共同優化供應鏈整體效能。

　　2013 年，歐盟通過並於 2018 年執行「第二號支付服務指令」（The second Payment Services Directive, PSD2），把資料的擁有權還給使用者；也通過了「一般資料保護規範」（General Data Protection Regulation, GDPR），這兩項法律影響深遠，對傳統封閉的金融業造成巨大衝擊，也帶來巨大商機。

　　這兩部法律執法範圍涵蓋全球，銀行的顧客中只要有歐洲人，就得遵守這兩項法規。歐盟訂定這兩部法律的緣由，就是爭取智慧驅動時代的競爭力。現今擁有最多數據的是美國科技大廠，歐洲相較之下處於劣勢，因此可藉由此法律規範，讓資料的擁有權返回歐洲人手裡。歐洲人可據此法規，要求 Google 把數據交還歐洲的金融科技新創。世界上任何公司除非不與歐洲人做生意，否則一定得遵守。

　　事實上，最大的資訊擁有者是政府。以臺灣來說，健保局就擁有非常多的醫療資訊，其他政府部門也一樣。2010 年，英國首先執行開放資料（Open Data），臺灣則在前行政院長張善政大力推動下，近幾年開放資料指數都被評為全球第一。不過，臺灣的大數據資料量雖龐大，深度和易使用度卻仍不夠；在指標中，臺灣在政府支出一項掛零。主要問題在於沒有公開授權機制，未以機器可讀的 API 格式開放、無法一次下載、沒有即時更新、不是免費提供等。例如人民對於自己在健保局的資料毫無支配權；患者對其醫院就診資料也無支配權，對於手機資料更無支配權，連手機大廠蒐集哪些個資都毫無所悉，這都亟待立法（My Data 法案）來保護。

案例介紹：臺灣香草農創

結合 AI 與區塊鏈金融科技應用的平臺即服務

普惠資訊、分析與金融服務，是臺灣金融科技公司（Fusion$360）發展金融科技生態圈的願景。將 AI 應用於金融科技、從核心銀行走向開放銀行，並以 API 整合食衣住行育樂各行各業的資料，同時連結金融業與金融科技公司，提供更多元開放的普惠金融服務。

臺灣金融科技公司為了打造金融科技及跨產業互助、共創、共享的生態圈，特別建置生態圈經濟平臺即服務，即融合 AI、大數據水庫、區塊鏈、物聯網與 API 管理。其中包括支援跨域跨業創新整合的 API 市集及 API 管理平臺、協助中小企業一站式數位轉型的區塊鏈微支付及電商整合應用服務與金流儀表板、提升產品品牌價值及客戶信任的區塊鏈溯源服務、以及眾籌或中小企業投融資的供應鏈金融服務（圖 3）。平臺即服務的最大特色是：一、簡化大數據分析和區塊鏈的使用複雜度；二、解決區塊鏈應用推廣的三大挑戰：缺乏可擴充性（增加節點不會得到相對的效能增加）、資料儲存量有限、交易資料全公開未能保密；三、區塊鏈微支付 0.5 秒內即可成交，且保留交易資訊的不可竄改、不可否認特性，但大幅降低以太坊的交易手續費；四、簡單易用安全的錢包管理機制，解決區塊鏈私鑰保管與資安挑戰。

以區塊鏈微支付及電商整合應用服務為例，這些服務支持品牌零售企業、品牌連鎖加盟企業、經濟商圈及園區、供應鏈或聯盟企業等發行專屬品牌代幣，透過便捷、安全、快速、透明的代幣微支付功能，提供消費者無現金交易體驗，與可信賴的分散式帳本；同時整合電子商務平臺應用、提供商品線上銷售渠道，並整合代幣、信用卡支付與物流計費；另外也提供可掌握忠誠會員及消費金流分析，以及管理行銷活動的中控儀表看板系統，以一站式解決方案協助成長型企業以低成本方式快速邁入數位經濟時代，達到快速擴點及展店、開創線上線下全通路業務商機、培養忠誠客戶，並以區塊鏈打造品牌影響力，營造品牌企業生態圈代幣經濟，擴大利潤與商機（圖 4）。

去中心化金融 X 品牌代幣 X 區塊鏈支付 X O2O電商管理 X 忠誠會員行銷 X 金流分析

眾籌	供應鏈金融	中小企業投融資	品牌零售及連鎖企業	經濟特區/特色商圈	地方創生/公益	天然香草	高值農業	智慧機械

開放銀行與供應鏈金融服務	生態圈經濟：區塊鏈微支付及全通路商務整合應用服務	產品資訊溯源及供應鏈數位化服務
銀行及亞太聯融智慧供應鏈金融團隊	技術提供及分潤＋投資	與銀行合作企業金融管理與個人金融管理	技術提供及分潤＋合資公司	與品牌廠商合作，推動品牌生態圈經濟	技術提供及分潤＋合資公司

Fusion$360 API 與區塊鏈平臺即服務

雲端與物聯網	大數據水庫	區塊鏈

圖 3：臺灣金融科技公司的生態圈經濟平臺即服務

資料來源：王可言、臺灣金融科技公司 Fusion$360

圖 4：生態圈經濟區塊鏈運用範例：
芙彤園全天然農法香草區塊鏈產品與服務

資料來源：臺灣金融科技公司 Fusion$360

新金融時代的崛起

案例介紹：臺灣香草農創

　　此區塊鏈創新應用服務已成功應用於全天然香草品牌零售業芙彤園（Blueseeds）。芙彤園為臺灣本土企業，以自然農法植栽香草，為少數能做到產銷一條龍的精油洗沐公司；包括從上游種植育苗、以天然方式提煉製造，以至品牌行銷。芙彤園運用區塊鏈代幣，獎勵對自然農業生態圈有貢獻的企農、工廠、通路、物流、企業 CSR 與消費者，以專用代幣取代現金，可循環挹注資金於自然農業經濟發展。未來的代幣使用將擴大從上游契農領取安全種苗，到下游精油系列一般商品取貨、限量精品兌換、忠實客戶回饋，以及多元通路推銷獎勵等多種面向。芙彤園藉由在全供應鏈體系內全面使用代幣，拓展更大規模的消費客群，形成香草產業生態圈經濟；同時通過區塊鏈溯源服務，提升自身品牌價值與顧客信任度（圖 5）。

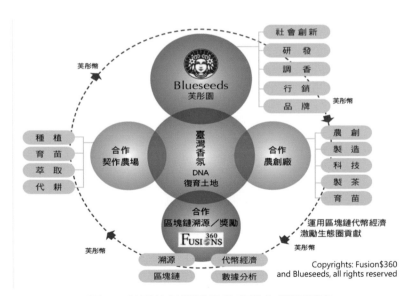

圖 5：以區塊鏈推動香草產業生態圈經濟
資料來源：臺灣金融科技公司 Fusion$360

金融數位轉型過程中，也面臨不少挑戰。普惠金融必須獲得更值得信賴的信用評等，同時建立風險管控模式。隨著區塊鏈與人工智慧在金融業的應用更加廣泛，主管機關的監管強度將持續增加，各家業者在開創新的商業模式同時，也須提升法遵措施。在此一趨勢之下，市場將出現金融法遵科技的商機，整個金融科技生態圈也會更加完善。

　　另一方面，筆者建議金管會基於監理比例原則，核發不同等級的限制性執照，讓金融科技業者得以在可控的風險內，透過逐步推廣高合規能力，擴大業務，促進創新事業模式的發展。

臺灣的智慧金融起飛年

「智慧金融」又稱「金融科技」（FinTech），在臺灣一路走來跌跌撞撞，雖然政府努力推展，成效卻相對有限。2019 年在香港和新加坡等亞洲各國的壓力下，臺灣宣布開放三張純網銀執照，關於線上支付也比過去開放。但整體而言，臺灣金融科技發展的速度仍然相對緩慢。

為什麼會這樣？主要有幾個原因：第一是臺灣法令過於保守。臺灣傳統重防弊，但不善興利，不像中國大有「先行先試」的做法，這就浪費掉許多時間；第二是臺灣實體金融機構的力量相對過於強大。FinTech 新創企業代表的是一種鯰魚效應，但假使現有的傳統金融業者（沙丁魚）力量太大，FinTech 連生存空間都很困難，更遑論和現有勢力競爭、改變遊戲規則；第三是臺灣新創的投資環境。臺灣新創的估值和亞洲各國比起來，普遍偏低，新創公司募資困難，自然很難改變產業、發揮影響力。新加坡的 Grab 以共享租車起家，現在市值已達 130 億美元，最近又和新加坡電信聯手，準備共同競標純網銀執照。

展望 2020 年後有幾個重要趨勢：

一、銀行加速數位化。

臺灣的純網銀未來可能會面臨劇烈競爭，因為傳統金融機構都各自在強化數位金融服務，比如說臺灣金控 Richart 現在已有 170 萬用戶。臺灣金融機構網點密布，因此實體銀行有 O2O（線上加線下）的優勢。

二、區塊鏈應用快速發展。

中國於 2019 年底習近平宣布將區塊鏈視為重點發展項目後，區塊鏈突然升到國家政策層級，一夕間許多概念股也水漲船高。平心而論，區塊鏈應用的確愈發廣泛，延伸到許多領域，現在逐漸成熟，2020 年全球將會看到更多實例。

三、電子支付快速發展。

臺灣的電子支付發展進展落後於歐美與中國，當 Apple Pay 席捲市場，臺灣本地只有「街口」不斷創造話題，比較突出。中國許多商店現在已不再收現金，連信用卡都不普及，完全走向電子支付。值得注意的是，電子支付在新興市場也快速發展。數年前阿里巴巴和馬來西亞簽署戰略合作協議，短時間內就把電子支付系統遍布馬國所有超商。所幸，國內消費習慣已有改變，2019 年可說是臺灣電子支付元年，2020 則是真正的起飛年。

四、全球 FinTech 產業的躍升和金融科技新創企業估值大幅提升。

全球最值錢的獨角獸是阿里巴巴集團的螞蟻金服，市值高達1600 億美元；美、英、東南亞也有不少 FinTech 公司崛起，新加坡純網銀執照的開放，更將帶動市場買氣。

Photo by Javier Matheu on Unsplash

航向智慧醫療新藍海

AI 走進臨床，精準診斷＋遠距醫療站上浪潮

左典修

　　小安是一名護理師，長年在醫院為病患勞心勞力。過去值班時，她必須同時照看好幾名病人：何時需要換點滴、何時病人要做檢查、哪一床有緊急突發狀況……常常一個不留神就手忙腳亂。因此，小安會把所有病人的資訊一筆一筆詳細記在筆記本裡。

　　然而隨著科技發展，醫療變得不一樣了。患者一入院，智慧病房就會根據病患需求進行分類，不需要小安自己奔波；如果有轉到她科目的病人需要協助，她也會收到即時通知。在病房裡，數位床頭卡記錄病患所有資訊；病患若有任何需求，小安可以透過數位呼叫鈴即時在護理站接收通知，並透過病患的床邊資訊系統及床頭卡得知其用藥紀錄。如此一來，小安得以在科技的協助下，隨時隨地輕鬆快速掌握病患的動態及整體情況。

　　不僅如此，護理站也架設了一個任務控臺，整個護理站的人力調配都能即時顯示在控臺上。病患有突發狀況時，小安也能快速與同事彙報情況，並進行任務調配。在智慧醫療的發展下，小安也得以省下大把的力氣與時間，專注於為病患提供最好的醫療照護服務。

　　智慧轉型正在改變既有醫療服務的樣貌。醫療與照護服務將會更具彈性與即時性，並且具體反映在品質與效率的提升。雲端電子病歷、無紙化醫院、智慧流程管理與資通訊（ICT）平臺的結合，更完整實現了智慧醫院的構想。在這樣的基礎上，搭配遠端監測、診斷設備、生活輔助、生理數據監測等新產品與新服務，也更不間斷地加速推動醫療的智慧轉型。

智慧醫院在實務場域的實現

　　許多專家學者在本書中，對於臺灣的智慧轉型紛紛提供了高端的見解。的確、在製造、零售與電商及其直接或間接相關的金融、物流等行業，陸續成為智慧轉型的第一批贏家；相較之下，臺灣作為世界醫療首善國家之一，同時奠基於醫療資訊的成熟發展與 IT 科技普及，醫院智慧化的起步也遠比其他國家來得早。現今每一家醫學中心與新建大型醫院都是智慧醫院，而財團法人醫院評鑑暨醫療品質策進會也為推動醫院的智慧化發展，設有國家醫療品質獎（HQIC）的智慧醫院標章（Smart Hospital）。

　　在實務上，各個醫院的智慧化主要可以分成幾個方向（圖 1）：

- 提升照護效率與品質、強化醫護病聯繫
- 落實精準醫療、強化管理機制
- 提升顧客體驗、提高醫囑遵循度
- 運用人工智能作為臨床檢查診斷輔助
- 導入智能設備與穿戴裝置，提升病人安全與工作效率

　　而在前述的大方向中，本文列舉智慧病房方案作為案例深入說

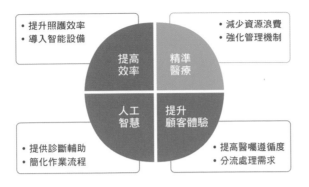

圖 1、智慧醫院在實務場域的實現

明。

關於病房智慧化方案的思考重點：

（一）病人的需求須分類管理→智慧病房能分類病人的需求

（二）即時通知與建立直接聯繫管道→需求分類後自動通知相
　　　關人員

（三）閉環式服務與查核機制→需求執行時有人事時地的查核
　　　機制

（四）自動需求服務紀錄→從需求→通報→接單→執行→查核
　　　的閉環管理紀錄

（五）提升病人住院滿意度→統整紀錄後再進行滿意度調查

　　依據所列舉的思考重點，智慧病房方案應由病房智慧化、行動
照護系統與智慧護理站子系統所組成；整體照護模式則要能體現智
慧化價值，並且讓病患與家屬有感。一旦全院的病房與護理站都能
導入此系統，實踐場域智慧化情境，包括標準化病房服務管理與閉
環式照護流程，都能成為醫院在成本、效率與服務品質管控的強力

工具。

在此扼要說明智慧病房整體照顧方案的組成內容：

智慧病房：包括數位床頭卡、床邊資通訊系統，提供數位呼叫鈴、個人化照護提示、個人行程鬧鈴、滿意度介面、用藥查詢與提醒、數位化即時通訊連接、即時正確的需求資訊、個人醫療計畫與時程通知、電視與娛樂功能、衛教服務機制、生理徵象顯示與追蹤等功能。

智慧護理站：包括護理站信息中心電子白板與護理任務控臺，管理各病床需求、護理師排班與聯繫上即時通報、即時病床資訊通報、病人的檢查與手術等排程提示、護士鈴與點滴鈴即時通知，同時顯示各床位動態情報等功能。

行動照護系統：透過行動裝置如平板電腦或智慧手機，以及特別設計的 App，達成即時風險通報與任務排班通知等。

智能設備：包括如室內動態即時定位應用系統（Real-time locating systems, RTLS）、智慧床墊、智慧手環、智慧環控系統等。

我們也可以參考醫院經營者與照護服務管理者眼中的智慧病房成效：

- **優化病人的住院體驗**

> 「透過智慧病房資通訊整合，讓病人只要一指輕觸，即可完成所有需求，提供最高效與高品質的全人照護住院服務。」
>
> ——臺中榮民總醫院　許惠恒院長

- **提高經營管理的效率**

「用智慧化來協助、簡化護理作業流程，不僅能提高優質行動照護，管理上也變得很有效率。」

——員林基督教醫院　李國維院長

- **提高照護服務的品質與滿意度**

「病人的需求能直接傳達給醫護人員，醫護人員也能藉此建立創新SOP，加速分流處理病人需求，具體提升服務品質與住院滿意度。」

——員林基督教醫院護理部　謝主任

- **提升照護與勤務服務的效率**

「智慧病房透過各項資通訊設備的整合與設計，有效改善住院病人較不滿意之處：包括病房安寧、醫護病間溝通、疾病照護資訊不足等。 病人可透過數位床頭卡，將需求迅速、清楚地通知其所屬護理師甚至清潔人員。根據實測，比呼叫鈴處理時效提升了近87%！」

——奇美醫院　李督導

　　這些智慧醫院功能，基本上都可以藉由 ICT ＋ IoT ＋ AI 來達成，其核心組成有軟體系統、資料結構、資料內容及 AI 引擎。但是作為醫療服務的數位轉型，設計智慧醫療的核心應從更高層次的價值主張與經營策略，來思考全盤布局（圖 2）：

　　本章一開始提到，搭配遠端監測、診斷設備、生活輔助、生理數據監測等新產品與新服務，正在不斷加速推動醫療的智慧轉型，也因此每一位顧客（病患）從健康、亞健康到治療與復健階段所經歷的不同服務提供者或醫療機構，都應考慮能否透過這些新科技來

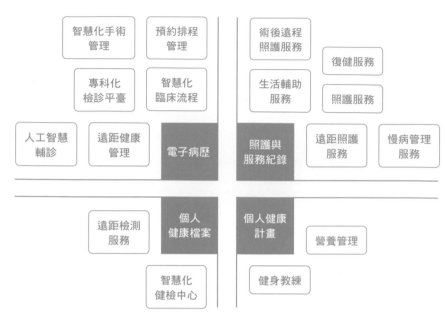

圖 2、醫療與照護的各類服務及資料產出彙整

擴展服務內容或服務對象；或是在不同機構間形成策略聯盟關係，以便提供客戶更好也更完整的服務。

　　位於醫療照護服務的核心是個案（病人、消費者）資料，包括電子病歷、個人健康檔案、健康促進計畫與照護與服務實施紀錄等。而資料產出的時間點、量測者、處所與產出設備，都與資料本身是否具可信度有關；跨機構間的資料交流已屬不易、個別機構的操作者及其使用的設備是否有共同規範與資料格式，又是另一挑戰。因此，透過聯盟、組織與協會的協力合作來建立共同的資料通訊標準與格式，或許是另一個值得產業共創價值的機會。

　　智慧科技之所以可為醫療照護供應端擴展服務範圍、增加收入、降低成本、提高品質與競爭力，其成功關鍵通常有幾個要素：

1. 具備即時蒐集可信賴數據的能力

　　特別是客戶個案受醫療照護前後改變的資訊。所謂「即時」，意謂數據的獲取能在發生的當下自動傳遞給正確的接收方，因此選用的感測器、儀器設備、傳輸與接收，都需經過驗證是否具備完善而成熟的機制。「可信賴數據」有時不會是單一來源，而且應能利用交叉比對，作為照護服務提供者精準判斷之用。例如睡眠呼吸偵測，不僅能做高端睡眠呼吸中止症的篩查，也能與智慧手環等智能裝置搭配遠距監測服務，作為慢病管理的長期服務一環。

2. 提供醫療照護人員的後勤支援

　　人們對人工智慧的迷思，常在於希望藉此取代人力。然而與特斯拉無人駕駛或亞馬遜無人商店的應用不同，在現今醫療市場上不僅有法律規範上的障礙，而病人與家屬更希望的是來自醫師與護理師親力親為的服務。也因此，當前人工智慧或機器人的角色定位應是以提供後勤支援，來降低醫護人員的工作負擔及決策風險。例如能輕鬆負載 150 公斤的運輸機器人，在手術室動態任務管理系統的指揮下，可以 24 小時無分晝夜輪班；依據機器人設計目的又可分為汙物運送與器械包盤運送，在避免器械汙染與沉重人力勞動之餘，同時藉由室內定位、紅外線、超音波與雷射感應避障機制，隨時回報工作進度，並自動化精準運送每一臺手術的器械包盤或汙物，成為手術室與中央供應室及汙物室間的最佳快遞員。

3. 人工智慧的作業輔助

　　藉由人工智慧輔助評估、精準鑑別、高效任務指派、標準化驗收和主動式稽核，醫療照護服務產業能創造彈性延伸的服務模式。

例如運用智慧遠距照護服務能達到 1：400 的護病比，這為醫療服務帶來極大的競爭優勢。

4. 跨系統整合

實務面的重要成功關鍵之一是：跨系統間的整合程度。醫院內部除了主要醫療資訊系統（HIS）、醫療影像儲存傳送系統（PACS）與電子病歷系統（EMR）之外，還建置有包括護理資訊系統（NIS）、臨床檢驗系統（LIS）、放射檢查系統（RIS）等諸多應用軟體系統。當中也有許多來自不同的軟體供應商。因此，要達成以病人為中心的照護模式，首當其衝的即是跨系統間資料通道與系統上的整合。

勤業眾信 2018 年的研究報告指出，「人工智慧的發展並非以取代人力、甚或削減工作職缺為主要目的；相反地，是以擴增人力（augmented workforce）的概念重新定義工作，讓人力搭配系統優勢，達到提高效率的首要目標，進一步讓企業實現提升財務或非財務面的股東價值。」對照前述的成功關鍵要素，與現今智慧醫院的發展面向非常貼切。

近年來，臺灣的智慧醫院發展對亞洲產生了極大的引領效果，每年都有許多國外醫療與照護機構來臺交流學習，觀摩臺灣在醫療系統上的資訊化與智慧化，同時肯定臺灣在智慧醫院的發展，無論在技術與應用皆處在領先地位。然而，目前國內的智慧醫院多為專案客製，並與醫院主要 HIS 系統有極深的綁定，儘管從醫院使用者層面來看，其資料整合與友善程度無庸置疑，另一方面卻也讓供應商難以將智慧醫療相關方案產品化銷售至國外市場。不過在政府更加推動醫療新南向政策的此刻，加上前衛福部林奏延部長時期即

已主導形成「臺灣醫療大艦隊」的構想，可想見 2020 年後會形成更強大的產業凝聚力，聚攏國內最具優勢的醫療服務與智慧科技產業，持續臺灣自身與亞洲市場未來智慧醫療發展的關鍵黃金十年。

未來醫院長什麼模樣？

隨著智慧化、數位化等議題在醫療領域的討論度提升，世界各地都有日益重視醫療與科技結合的趨勢。知名企業透過併購、投資、策略聯盟等方式跨足智慧醫療市場，更是這波浪潮最好的印證。

2017 年 1 月，前 Google X 生命科學部門、Alphabet 旗下健康照護科技公司 Verily 獲淡馬錫 55 億人民幣投資，Verily 計畫開發醫療軟體和硬體產品。Google 旗下子公司 DeepMind 更於 2019 年宣布透過演算法打造的眼疾診斷系統，準確度高達 94％。挾著科技巨擘名聲及對趨勢的精準掌握，Google 在結合科技與醫療的戰場上立於不敗之地。

除了 Google 之外，JPMorgan 在醫療領域的涉獵也引起世界關注。2018 年，JPMorgan、Amazon 及巴菲特底下的 Berkshire Hathaway 三方合資成立健康照護服務公司；隔年九月，JPMorgan 宣布將收購美國醫療支付技術供應商 InstaMed，而這樁 5 億美元的併購案，更是 JPMorgan 繼 2008 年金融危機後最大的一筆併購交易。

智慧醫療的熱度隨著國際化趨勢也延燒到了臺灣，以電子五哥尤為代表。

緯創旗下的緯創醫學已積極投入醫療器材研發製造與醫療大數據的智慧醫療服務，並與各大醫院合作落實智慧血糖照護服務；廣達陸續與臺大醫院、榮總合作，以 AI 輔助醫師診斷，推出包括口內攝影機、智慧牙鏡等設備；華碩健康推出 OmniCare 智慧醫材共享平臺，包括心率、血壓、血氧、血糖、超音波影像、心電圖、中

醫診斷。

而因應新冠肺炎疫情,醫療效率、遠距醫療等需求日益增高。

在改善醫療效率上,透過發展智慧醫院,優化病患排程規畫、精準診斷並建立完善的病歷資訊。誠如本章所述,病房智慧化、行動照護系統與智慧護理站子系統將全面改變醫院生態。根據彭博調查,智慧醫院將以 17.3％ 的成長幅度,在 2025 年達到全球 587 億美元市值。

在疫情爆發後所導致的人口遷徙、交通往來受阻下,市場看見了遠距醫療的需求。未來將結合醫療技術與電子設備、通訊技術等,讓病患不用親臨診斷下達到診療與照護的目的。而衛福部也在臺灣這波防疫環節中,開放遠距醫療,滿足居家隔離有輕症就醫需求、同時達到隔離防疫的目的。

無論聚焦在智慧醫院或遠距醫療,數位化將是醫療產業的發展趨勢,也是市場上炙手可熱的議題。而宏觀評析這波智慧化的醫療趨勢,我可以歸納出以下幾點:

一、人口結構改變將成為醫療照護產業最大推力

老年人口比例增加,導致有照護需求的人口提高、提供照護的人口減少。因此,未來勢必更倚賴智慧醫療發展,優化醫療照護生態系,增加照護人員的效率、降低護病比,造就照護模式的數位轉型。

二、醫療設備的數位化將促使醫療互聯網崛起

互聯式醫療器材普及程度提高,醫療數據的蒐集與應用成為了新課題。未來將透過無線和微型化技術,與高度智慧化的醫院體

系，結合人、數據、流程與技術，提升醫療的精準度與效率。

三、除了設備與技術上的提升，更應該創造智慧醫療的生態系

現階段智慧醫療的發展在技術未臻成熟下，還無法有效串聯每個環節。未來除了整合院內資源，更應該創造院外的生態系，與藥商、藥局、設備商合作，打造更全面的智慧醫療體系。

最後，發展智慧醫療與智慧醫院仍有許多問題尚待克服，包含醫師是否能接受並有效率地應用這些技術、醫療體系與廠商間是否能充分磨合等。而趨勢將會是一把篩子，除了將不符時宜的商業模式給剔除，更促使產業間整合與成長，醫療與科技的結合就是最好的範例。

8

大健康時代需要的智慧

AIoT 驅動，從智慧手術室、
用藥安全到銀髮友善醫護

余金樹、何俊聰

　　你是否也有過相同的感受？ 走進醫院只想做個小檢查，卻發現醫院人滿為患、流程冗長。從檢查步驟、等待領藥，連病房都可以等上好幾天。箇中原因自然是人力不足，例如篩檢需要人員一個一個做、用藥也需要藥師一個一個拿，為了保障醫療安全，效率也因此被犧牲了。

　　然而如今我們走進醫院，眼前景象大為不同。在科技發展下，醫療品質及效率皆已大幅提升。我們可以使用自動掛號系統自行掛號與領慢性處方箋；掛完號後到門診區，不需依靠護理人員，就能自己使用生理量測機測量心跳及血壓。

　　接著被叫號要走進門診間時，護理師手上不再是沉甸甸的患者病史；相反地，護理師可以直接用平板，迅速在系統上一鍵觀看患者的歷史就診紀錄。領藥時，智慧藥櫃協助藥師準確無誤投藥，不僅有效率也提升醫療安全。智慧醫療大幅縮短患者的就診時間，也同步增加了醫院運作的效率。

醫療照護非常個人化，同一種疾病，每個人的治療與照護方式都不盡相同；另一方面，科技卻非常標準化，同一種規格，要在大量複製下才具備產業發展價值。臺灣是全球少數同時擁有兩個世界級能量匯集的場域，而誰能把兩個不同產業語言，融合成可複製的解決方案，就是智慧醫療產業的贏家。AIoT 時代不再是規格與價格取勝的戰局，解決醫療臨床痛點，才能產生巨大的產業價值。先定義痛點，再著手規畫軟體，最後找適當的硬體來完整解決方案。因此，痛點、軟體、硬體都很重要；而進一步來看，進行的順序更重要。

臺灣在健保的長期驅動之下，擁有世界級的醫院管理效率和高素質醫護人員，並提供可負擔的高水準臨床醫療；在科技上，臺灣的科技產業則持續供貨全球資訊硬體產品。原本小國寡民的產業發展缺點，在兩股優勢力量匯集後，結合成無可取代的競爭力。高效率的跨產業溝通、低成本的創新試驗、最適規模的實驗場域，臺灣已經是全世界最佳的智慧醫療創新實驗室。

智慧醫院的典範：員林基督教醫院

員林基督教醫院於 2017 年 7 月啟用至今，每年依然有超過 300 個國內外專業團體參訪學習。首先映入眼簾的是醫院大廳的電視牆與公播螢幕，持續以多媒體科技來消弭醫病溝通的知識落差。往院內走，亞洲第一個同時內建多軸向導管攝影機（Zeego）及電腦斷層掃描機（CT）的 Hybrid OR、國際標準的院內感控措施、美國「能源環保領導設計」（LEED）黃金級認證、手術室乾淨與汙物空間完全分離、家屬共同等候區的創新設置、可停下國內最大雙槳救難直

升機的急難救災措施。這些世界級專業功能與營運平臺的幕後規畫過程，前來看病的一般民眾並不容易理解。但在資訊排程規畫後，展示於院內各種顯示屏幕等公開平臺，即可與病患進行溝通與教育。才剛走進醫院大門，就傳達著精準、智能、乾淨、綠能的智慧醫院典範。

　　3 千人的日門診量卻不見一般醫院的擁擠，人潮紓解不但可以降低院內交叉感染的機率，也是維持良好室內空氣品質（IAQ）的重要措施。透過隨處可見的公播系統或掃碼下載的 App，可以隨時知道看診或檢查進度，不需擠在候診區；兒科門診更提供互動式衛教遊戲區，讓父母親寓教於樂、輕鬆帶孩子看病；院內各處裝設感應器，隨時監控 IAQ，並連動空調系統引進室外新風，確保 CO_2 濃度低於 1000 ppm 的法規規範。急、重、難症是醫院最核心的功能，智慧病房的規畫讓醫、病、護在同一個資訊平臺精準溝通。不論是洗腎或住院，床邊照護系統依病情推播相關衛教，並把常用照護需求變成熱鍵，一鍵輕觸即可隨時呼叫護理人員或清潔打掃。病患需求直接分流到負責人員，省去來回確認的工作負擔；所有需求與回應時間都依照 Close-loop 的閉環設計，以確保照護品質能按數據分析不斷精進日常作業。從前端的**感知層（Instrumented）**各種感知器（包括溫度、溼度、正負壓、水質、落菌數等），經由**網路層（Interconnected）**連結不同場域（包括櫃檯、病房、手術室、急診室等），最後臨床的**應用層（Intelligent）**依不同角色（病患、家屬、護理師、醫師）提供 smarter care，這是一個由物聯網完整驅動的智慧醫院（圖 1）。

圖 1、由物聯網完整驅動的智慧醫院

精準醫療，採用智慧手術室管理系統

　　未來醫院的規模不再以病床數來衡量，而是急、重、難症的治療能量，而手術室絕對是最重要的場域。根據世界衛生組織（WHO）規範的手術安全查核規範（WHO Surgical Safety Checklist），一個手術分成三大部分：Sign-in（簽入）、Time-out（暫停）、Sign-out（簽出）。每一個步驟都是確保病人手術安全、資訊正確與醫療團隊間的精準溝通。WHO 只提供最基本的規畫方針，然而 ICT 資源豐富的臺灣，提供了更先進的智慧手術室規畫。當病人經過一連串術前檢查，並確認手術進行時間與主刀醫師之後，整個流程會由智慧病房系統轉移到智慧手術室排程系統。中央器械供應室有隨時待班的器械運送機器人，依手術室排程來運送病人手術名稱對應的器械包盤與相關耗材；機器人經由乾淨走道運送滅菌手術器械包盤，送達指定手術室後透過系統通知主責護理師；術後的髒汙器械運送機器人則按手術結束時間，由護理師啟動手術助理排程作業系統，搬運機器人前往載運髒汙器械、器具和物品。一臺滿

載的手術專用個案車（case cart）可能重達一、兩百公斤，藉由在汙物專用走道來回運送的機器人，不但可以降低器械運送人員的職業傷害，還能支援假日急刀人員不足、降低營運成本與管理複雜度，同時主動通知器械供應室收送案件。機器人的輔助讓手術室運作更為精準並提高效率。

除了術前與術後的自動化效率，最重要的是真正落實術中的安全查核。每臺刀雖然都有標準作業流程，還是難以避免突發狀況。當手術門關上後，所有溝通聯繫都只能透過電話進行，這對於要調度上百名護理人員並同時運作數十間手術室的醫院來說，一直是很大的挑戰。透過手機上的手術查核 App，病患 Sign-in 時同時確認身分、麻醉準備、器械耗材清單；Time-out 時手術團隊的再次互相確認工作職掌、病患身分與手術部位；Sign-out 時確認檢體、器械與耗材數量。這些步驟都在流動護理人員手上的 App 清楚呈現，每個步驟的確認與時間點即時同步到手術室護理站的電子白板，彷彿在戰情室裡同時操控數十個戰役的後勤資源調度。這種結合手術臨床流程、HIS 系統整合與手術紀錄、機器人自動化規畫、App 排程設計的完整方案，讓臨床醫療的高度專業融合在軟硬體的整合中，是 AIoT 精準醫療的經典應用案例。

智慧藥櫃，提升用藥安全

WHO 最近把「Medication Without Harm」視為全球最重要議題推動，並在 2017 年德國波昂召開的會議中定下明確目標：5 年內

員林基督教醫院的
智慧手術室系統落實
術中安全查核。

降低 50％的用藥傷害。臺灣的醫院一直落實「三讀五對 ¹」的給藥
規範，以確保病患的用藥安全，但在繁忙的臨床作業中，醫師常因
病情變化而調整用藥，若只以人力核對，很難完全落實用藥安全；
而利用物聯網科技輔助用藥安全，為當前唯一的解方。

　　麻醉管制藥品監管是一家醫院最重要的藥品管理核心，如果出
現任何差錯，常會演變成重大醫療疏失。此時，智慧藥櫃搖身一變
成為最佳利器。依照管制藥品領藥規定，必須同時兩人取藥，利用
醫事人員卡和 3D 人臉辨識、再連動到院內值班系統，對於取藥身
分做最嚴格的把關。根據不同醫院用藥習慣，彈性組合藥物放置空
間；取藥時利用 AI 藥品影像辨識比對藥名與數量，確保正確的醫

¹　　三讀：由藥櫃取出藥品時、由藥盒中取出藥品時、將藥盒放回藥櫃時，再交付藥品；五
　　對：病患姓名對、藥物對、藥品劑量對、服藥時間對、服藥途徑對。

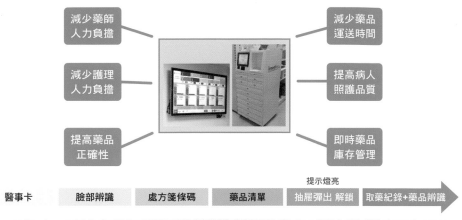

| | | | | 提示燈亮 | |
| 醫事卡 | 臉部辨識 | 處方箋條碼 | 藥品清單 | 抽屜彈出 解鎖 | 取藥紀錄＋藥品辨識 |

圖 2、智慧藥櫃及流程示意

師調劑處方；最後再連動醫院藥劑部的藥品系統，時時盤點，確保全醫院的用藥情形安全無虞（圖 2）。

醫院另一個用藥安全的場域，是癌症化療藥劑的運送安全。醫院的化療藥物調劑室為受嚴格管制的特殊區域，因此通常設置在和一般病患施打藥劑地點一段距離以上的空間。利用 3D 圖資與內建 LiDA（認知架構）的運送機器人，可以安全且精確地在調劑室與護理站之間穿梭；調劑藥師通過 3D 人臉識別之後，將調劑好的化療藥劑鎖入內嵌 RFID 的感應門鎖；送達化療病房後，責任護理師經過 3D 臉部辨識認證後，取出藥物進行投藥。整個過程不但能避免因人力運送化療藥物可能發生的傾倒，以及化療藥劑領取時人員認證的管控風險，藥物取放時間點、實時位置與人員身分都即時連線院內系統，確保整個化療用藥流程的絕對安全與精準管理（圖3）。

臺灣在醫療健保普及的制度下，民眾用藥頻率極高，藥物事件造成的風險隨時都在發生。醫院藥物事件發生地點以藥局為主（36.2％），其次是一般病房（32.2％）；醫院藥物事件發生階段以

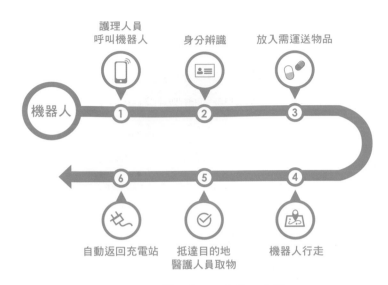

護理人員
呼叫機器人　　身分辨識　　放入需運送物品

機器人

1　　　　2　　　　3

6　　　　5　　　　4

自動返回充電站　　抵達目的地　　機器人行走
　　　　　　　　醫護人員取物

圖 3、機器人流程作業示意圖

醫囑開立與輸入（54.9％）最多，其次為給藥階段（23％）、藥局調劑階段（20 ％）；從「醫囑開立與輸入階段」細項來看，以重複用藥（18.4％）最多，劑量錯誤（16.4 ％）次之；而在藥局調劑錯誤階段細項中，則以藥名錯誤（44.9 ％）最多，數量錯誤（20.8 ％）次之；另外在給藥錯誤階段細項中，以劑量錯誤（22.5％）為最多，藥名錯誤（15.5％）次之。

　　為了降低用藥錯誤次數，利用 AI 人工智慧，串聯機率、藥品資料庫與深度學習，扮演藥品守門人，及時攔截不正確的藥物事件。將 AI 應用於用藥辨識的方式相當多元，例如導入臺灣健保資料庫與大型醫院提供的電子病歷，實行無監督學習[2]，讓 AI 學習醫師開立處方的行為，進一步判斷醫囑開立後是否有藥物名稱與該病

2　　Unsupervised Learing，機器學習的一種方法。並未給定事先標記過的訓練範例，自動對輸入的資料進行分類或分群。

症無任何關聯，進而發出系統警示；抑或將藥品辨識導入藥局調劑階段，利用 AI 藥物影像辨識技術快速識別從藥櫃中取出的藥物名稱、外型和數量，隨後從藥品資料庫帶出藥性、藥物副作用等相關資訊，使藥物調劑時更快辨認是否與處方籤相符，減少取藥錯誤。

　　無論是裸錠、鋁箔包裝、液裝或盒裝的 AI 藥物影像辨識，前提都需要教導 AI 進行幾何變換（geometric transformations）：包含放大、縮小、旋轉；顏色亮度、對比度、色調修正；圖像融合（image composite），拍攝影像與影像資料庫的加、減、組合、拼接；降噪（image denoising／noise reduction），影像上的雜訊來自硬體或環境光等因素，如果影像雜訊太多，將會影響邊緣檢測與影像分割的準確性，因此如何過濾影像上的雜訊並保留有效訊息就相當重要；邊緣檢測（edge detection）與影像分割（image segmentation）的配合，能將一張影像分割成多個不同區域並準確擷取局部特徵，讓 AI 進而認識藥物形狀、大小、顏色、文字、數量等特徵，最後根據前述擷取的影像資訊與藥品資料庫進行配對，即可精準告知使用者藥物名稱和相關資訊（圖 4）。

　　AI 藥物辨識技術大致可分成兩種：1：1 和 1：N，前者的應用多為醫療中心藥劑部調劑時，驗證管制藥或高貴藥的身分；後者則應用在預防取用多種藥品時的錯誤。以技術難度來看，1：N 的難度比 1：1 還要高，因為 1：N 的藥物辨識更容易受藥物類型、拍攝角度、拍攝方向、拍攝距離、環境光等因素影響辨識準確度。因此在現階段，藥物影像辨識技術與藥物辨識機構的配合度相當重要，產品設計者需針對不同類型藥物提供適合的辨識環境，以降低這些干擾因素。

| 顏色比對 | 邊緣檢測 | 不同環境光 | 幾何變換 | 文字辨識 |

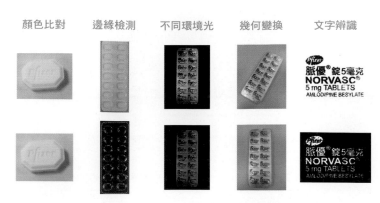

圖 4、利用 AI 精準辨識藥品資訊

打造友善銀髮族的智慧場域

對於 65 歲以上的銀髮族群來說，跌倒所引起的後遺症及併發症比一般人認知的還要嚴重許多。根據跌倒風險評估統計顯示，美國每年有 300 萬名老年人接受跌倒導致的傷害治療，其中有超過 80 萬名患者因跌倒受傷住院，其中甚至有多達四分之一的髖部骨折老年人會在半年內、因跌倒併發潛在慢性疾病死亡。根據美國疾病預防控制中心（CDC）數據顯示 2007 年至 16 年跌倒致死率上升 30%，推估 2030 年每小時就有 7 人死於跌倒；在臺灣，衛生福利部國民健康署統計顯示 65 歲以上老人跌倒盛行率逐年上升，至 2025 年將增加 2.2 倍，達到每年 28,404 人。

預防病人跌倒及降低傷害程度，一直是全球醫療照護體系共同面對的重要議題。臺灣的長照機構與醫療照護體系遵循標準防跌策略：跌倒風險評估表、保護性約束、呼叫燈、呼叫鈴、合適衣褲、防滑病人鞋、整潔的房間、地板乾燥且照明充足、每小時一次的臨床護理人員巡視，以及防跌衛教等等。儘管採取多種人為防跌措施，跌倒仍是長照機構與醫院急欲解決的重大議題。隨著電腦視覺

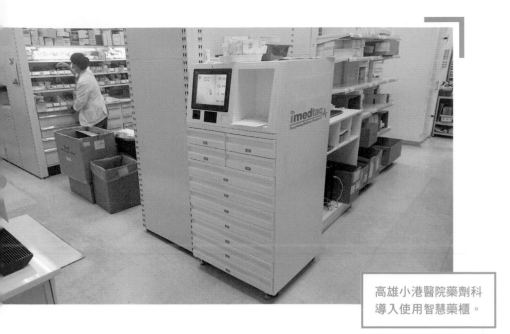

高雄小港醫院藥劑科
導入使用智慧藥櫃。

運算發展進入新的 AI 領域，只要教導電腦如何自動辨識影像上的每個特徵點，再搭配電腦深度學習，給予每層網路架構設定各自的權重和變數，再互相串聯不同姿勢的資料庫，電腦便可立即判別影像上每個立體輪廓所代表的意義。ToF（Time of Flight，飛時測距）就是最新的技術。由光源、感測器、控制電路及處理電路等單元組成，所使用的光源是近紅外光而非自然光，因此它無論在一片漆黑或非常明亮的照明條件下皆可正常工作。ToF 的 3D 成像原理是通過控制電路單元，記錄光源發射端到光源接收端每一個紅外光行走所花費的時間（t）。由光速公式（v = 距離（d）／時間（t））即可推導出被照物體與感測設備間的距離（d）。接著處理電路單元，重新排列組合每一個紅外光的空間座標位置，即可產生被照物體的立體輪廓影像。

　　讓電腦自動判別影像上每個立體輪廓所代表的意義之前，

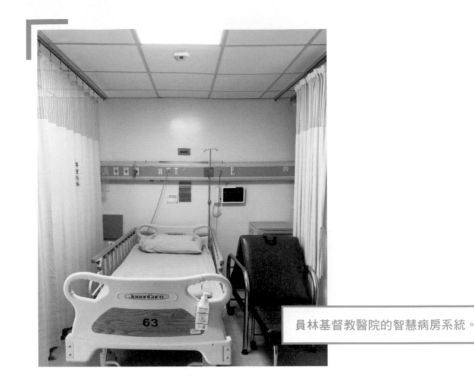

員林基督教醫院的智慧病房系統。

必須建立起機器學習（Machine learning）的規範，我們要做的
就是提供電腦「海量的學習資料」，並教導電腦學習「分類」
（classification），這個過程稱作訓練（training）；讓電腦回答或預測
新資料的過程稱作評分（scoring）。

　　海量的學習資料來自於專家利用電腦視覺（computer vision）
技術萃取影像上的特徵（feature extraction），比如坐、躺或跌
倒的姿勢（shape）、移動向量（motion vector）、立體座標（3D
location）、深度資訊（depth）、連續姿態（continue step）等；接
著電腦將這些特徵資料進行分類，並配對所有姿態形成訓練模型
（training model）。舉例來說，電腦將坐姿姿態與特徵資料庫配對
後，產生坐姿的假說（hypothesis）或迴歸函數（regression），稱為
一組訓練題（training example）；若將 N 個姿態與特徵資料庫配對

後，便可產生 N 組訓練題，而這些訓練題集合起來後即可完成訓練模型。因此，當有新資訊輸入電腦時，電腦可以透過好的訓練判斷或預測各種姿態。這種訓練方式也稱為監督式學習（Supervised learning），當有一個新的姿態加入時，都必須由專家重新萃取資料特徵和配對新的訓練題。

ToF 技術用於醫療領域，特別符合醫院與長照機構的臨床照護需求與病患個人隱私需求。利用非穿戴式的 ToF 感知元件，加上 AI 影像辨識技術，可以即時辨識準備離床、端坐床緣等跌倒預先警示或已經跌倒的緊急通知。最後將訊息串聯護理站的白板、照護人員移動裝置與遠端系統，形成一套完整的高危跌安全監控照護網路。

另一個長照機構苦惱的議題，是機構住民的褥瘡預防措施。護理之家的住民常常合併失能與失智等多重症狀，為了預防褥瘡發生，照護人員必須全天候每兩小時到床邊協助翻身拍背，以改善氣管呼吸排痰狀況與促進久臥肌肉的血液循環，避免肌肉壞死產生難以治療的褥瘡潰爛。大型長照機構住民通常多達數百人，管理者如何確保照服人員有依照規定的時間點幫忙翻身拍背，並依規定實施 5 到 10 分鐘的時間？如果無法落實可能造成褥瘡個案，則很容易引致照護糾紛。利用智慧床墊蒐集照護資訊，可以協助機構保障住民安全，並確保照服人員依照規範照護住民。每張床墊布滿約 200 個壓力感知器，能清楚偵測久臥住民的躺床姿勢、身體各部位壓力指數、照服員何時翻身且左右兩邊各拍背多久，這些數據隨時串聯護理站後臺系統，一旦發生異常隨時推播到相關人員，主動式確保照護品質，而非被動地資料分析與事後檢討。

智慧醫院的重大成就：從無片化到無紙化

臺灣第一個智慧醫院的重大成就，就是將醫院澈底無片化。將早期 X 光片的膠捲掃描建檔，搭配數位 X 光機設備上市，真正落實醫院無片化，不但省下寶貴的醫療空間、病患保管與攜帶 X 光片的麻煩，數位化累積的資料也是訓練 AI 辨識模型的寶貴素材。接下來最棘手的就是醫院的無紙化工程，從各種簽核表單的數位化、衛教單張的多媒體化，以至病房床頭卡的電子化。數位同意書簽名牽涉到法令中以「書面為之」的法條修改，其他應用也必須在院內系統配合下才會產生資訊連動的巨大意義，工程不小卻意義非凡。

一家醫院有數百張衛教單張，再加上術前、術後照護說明、個別專科照護評估與各項自費同意書說明，目前都是以紙張文字溝通。在人手一智慧手機的年代，如今仍在紙張上畫螢光筆的溝通模式，顯得很「石器時代」。醫病溝通是就醫體驗與病患滿意度非常重要的關鍵，各醫院也依循醫病共享決策（SDM）精神與病患進行良好溝通，達成醫療決策共識。利用多媒體互動衛教、AR ／ VR 來詳細說明複雜的術式與流程，甚至利用 3D 攝影機提供精準的復健運動，最後搭配患者的 App 雙向回饋，讓醫病溝通精準、專屬、即時，這些都已是未來智慧醫院最基本的規畫建置。

病房床頭卡記載醫師、輪班護理師和病患即時資訊，成為護病溝通最頻繁的資訊看板。利用電子紙顯示的電子床頭卡，可以即時更新病患資訊供照護家屬參考，也能提醒輪班護理師病患的需求與最新醫囑。病患透過內建的呼叫功能，將需求在前端分流給對應人員，避免所有事都打電話詢問護理站。電子紙無背光與無藍光的材料特性，讓病患與家屬在半夜不會被電子產品光源干擾睡眠。所有資訊都連動護理站與照護手機，讓護病溝通更即時精

準。目前醫院各場域數不清的問卷與表單，都需要病患填寫後再由護理人員手動匯入系統，如果利用各種平板終端設備，輕易讓表單資料形成結構式資料，不但能無縫銜接後臺系統即時分析資料，更省下護理人員寶貴的資料彙整時間。

　　大健康產業是永遠的朝陽產業，需求永遠都在，然而必須隨時代變遷，以更進步的方式來回應病患或客戶需求。透過 AIoT 的協助，可以做到以往無法想像的精準醫療與精準照護。科技當然不是唯一解方，卻是必要且實用的工具。當醫療與科技在臺灣展開跨產業合作，將可為醫療照護產業打造更好的工作環境，ICT 產業也能跳脫傳統代工，找到另一條發展出路，是一個雙贏的方向。

　　《第三波數位革命》作者提到，第一波是基礎建設，第二波是App 與 Mobile 的創新，接下來第三波數位革命將以解決產業問題為核心，形成各種應用生態圈。新時代的產業發展已經很清楚了，科技加產業、規格變方案、單打變抱團，敞開心胸跨業整合，專注一個產業長期耕耘，會是最後的贏家。

案例介紹：盛雲電商

數位通路轉型的生態醫藥電子商務

在臺灣，診所藥品採購市場都是依靠藥廠業務進行人力推銷及服務，診所往往都是發現藥罐見底了才打電話訂藥，這樣的購藥方式對於藥廠和診所來說都相當耗時費力，而這類診所就有 1 萬多家分布全國各地。隨著臺灣藥品市場法令日益嚴苛及數位轉型風潮興起，盛雲電商導入新經濟零售模式的電子商務，不單只是提供診所下單叫藥的平臺，更結合大數據、機器學習等技術，創造更多服務與價值。未來診所在平臺上的使用體驗，將是醫藥電子採購平臺的核心，而擁有自己的 IT 專業研發團隊，才能即時因應新型購藥市場生態需求。

購藥模式轉型

盛雲在統整各大電商平臺的下單模式後，發現診所訂藥的問題點大多在於如何找到需要的藥品，並確認該藥品符合診所的用藥需求。由於藥品的正確性對於病患用藥安全與健保申報關係重大，因此盛雲會讓診所透過藥品及病理分類層層過濾查找，並仿效亞馬遜單一搜尋列功能，診所只要輸入中英文名稱、成分、商品別名、健保碼、ATC-Code 等相關資訊搜尋藥品即可，方便各種醫藥從業人員直接下單叫藥。

在購藥模式轉型過程中，藥品的正確性很關鍵，盛雲提供了完整的包裝外盒照、藥丸藥錠的實拍比例圖，以及藥品 FDA（美國食品藥品監督管理局）仿單資料，並提供一鍵點擊，即可快速連結 FDA 網站與健保官網，確認該藥品的官方資訊，讓診所不需來回查找詢問，就能判斷藥品的正確性。此外，盛雲與診所資訊系統廠商（HIS）合作開發醫訊小管家系統，透過診所端選取需採購藥品，回傳至盛雲平臺進行查詢與比價，平臺會立即產出比價結果；不論是平臺單顆與包裝價格、原始進貨成本，還是健保給付價格，都清楚列出差異，就算沒有相同的藥品，盛雲也會提供可替代用藥的資訊作為診所參考。

在金流上，診所不再需要重複輸入銀行匯款資料或開立支票，

盛雲針對診所的特殊性及遠期支付習慣，與金融機構一同打造線上金流支付制度，只要使用專屬帳戶付款，每到扣款日會自動通知診所與結算扣除款項，省去人力繳款不便，優化診所整體下單流程。

打造醫藥界的亞馬遜

（一）個人化智慧導購自動生成系統

　　體驗經濟著重的是個人化服務。在消費過程提供整體且客製化服務，會讓客戶留下深刻印象，驅使他再度消費。盛雲將大數據及機器學習導入系統，整合平臺成為客製化導購介面。同時利用機器學習，將診所的商品查詢紀錄、點擊資訊、購買紀錄、診所提供申報耗用資訊、診斷行為、用藥習慣等不同面向的資料，結合「醫療科別耗用、銷售排行、健保藥價申報價差」，推出藥品內容推薦法（content based），提供替代用藥給客戶參考，並採用協同過濾演算法（Collaborative Filtering），彙整各科別採購藥品資料後，依照科別推薦給醫師；針對新客戶，則提供人氣推薦法（popularity-based），將眾多診所留下的購買軌跡，運用演算法將資料整合加權處理，讓客戶在享受便利之餘，也有更多比較參考。

（二）智慧推薦系統

　　在查詢畫面或購物車結帳畫面，平臺會透過系統提供診所藥品「三同」（同成分、同劑型、同含量）、但藥價成本更低的替代用藥建議；預計未來將把智慧化經驗導入內部管理，例如計算出下週、下個月或下個季度的庫存需求量，建立更有效率的倉儲準位。

國內首創數位療法的智慧醫療平臺

　　臺灣截至 2018 年 3 月底，老年人口占比已超過 14%，正式進入高齡社會。人口老化問題也伴隨慢性病人口的增加。根據國民健康署資料，國內近 8 成老年人口患有至少一種慢性病，而隨著生活型態轉變，慢性病也有年輕化的趨勢。根據衛福部近年統計的國人慢性病盛行率，平均每 4 人中至少 1 人有潛在三高可能，和上一個十年比起來明顯提高。慢性病控制不良及併發症，除了產生龐大的醫療支出，對病患的生活品質及工作生產力也有很大的影響。以糖尿病為例，血糖控制不佳可能會併發視網膜病變，甚至會引起失明、心血管相關疾病、腎病變或嚴重時洗腎、周圍神經病變導致截肢等。要控制慢性病，除了定期回診追蹤之外，依照醫囑按時服藥、自我居家量測和生活型態調整，也都很重要。

　　根據健保署統計的 2017 年十大健保支出，慢性病醫療支出就超過總醫療支出一半，而且逐年攀升。其中第一名的慢性腎臟病支出在 2018 年以 513 億蟬聯冠軍，值得注意的是 291 億的糖尿病相關支出已攀升為第二大支出，兩者加起來年支出金額逾 800 億。

　　Health2Sync 在 2013 年成立之初，就決定以糖尿病管理切入市場。一來是糖尿病控制不良會導致更多病變，而糖尿病的控制相較於其他慢性病更複雜，也需要追蹤許多數據，包括：

- 血糖變化。
- 施打胰島素的病患須追蹤胰島素劑量，降低低血糖風險。
- 飲食攝取對血糖的影響。
- 規律而適當的運動習慣。
- 好的睡眠品質有助於控制病情，並降低阿茲海默症或失智症風險。
- 一些糖尿病患者合併有血壓及肥胖問題，還需追蹤血壓及體重。

慢性病的控制對世界各國來說都是很大的挑戰，而相較於其他國家，臺灣在面臨這些挑戰時擁有更多優勢：

一、成熟的慢性病照護模式。包含政府推動多年的糖尿病醫療給付改善方案，以及針對不同慢性病試辦計畫等，讓醫療團隊有更多資源提供慢性病照護。

二、健保署將病歷及檢驗數據雲端化。雖然這些數據存放在不同單位，但是巨大的健康數據資料庫包含了國人的完整疾病管理紀錄，有極高的分析價值。

三、臺灣在軟、硬體科技領域實力舉世聞名。

針對慢性病的治療，各機轉藥物的發展已相當蓬勃，但整體的控制達標率仍有進步空間。通常病患在疾病管理歷程（patient journey）中，缺乏一個能協助自己建立正確觀念、調整生活型態、提升依從度的工具。而這樣的工具需要具備以下條件：

• 能讓病患及醫療團隊更容易追蹤及管理病患長期的數據。
• 病患可以獲得即時的關心或介入。
• 慢性病患增長快速，工具要能普及以照顧到最多病患。
• 達到前述條件的同時，亦須注意投入成本及資源。

綜上所述，數位醫療是最適合的解決方案。醫療服務數位化可以透過不同角度的介入，提供更好的治療方案、改善病患控病成效，同時控制醫療支出。

數位化動能來自幾個面向：

• 傳感器（sensor）的普及：因成本降低，傳感器得以運用在各式各樣的監測設備中，最普遍的是活動監測設備，例如 Apple Watch、Fitbit 智慧手表、小米手環，其他還有血糖、

案例介紹：Health2Sync

血壓監測設備等。過去的血糖監測多為透過扎手指取血來量測單筆血糖，未來的連續血糖監測（Continuous Glucose Monitoring）則將在成本的降低下，日漸普及。

- 大數據分析：資料收集得以數位化，可以分析的數據更多。
- 行動裝置及技術的普及。
- 不論在一般疾病或併發症的預防上，預防醫學都是各國政府的政策重點。
- 過去幾年許多創新公司崛起，提供以病患為中心的服務。

數位療法與數位健康照護平臺

並非所有健康照護產業中的應用程式或科技都是數位療法。簡單來說，數位療法（Digital Therapeutics, DTx）可被視為改善病人生理結果與生活經驗的軟體。根據數位療法聯盟 2018 年度報告指出，「數位療法提供病患以實證為基礎的醫療介入，其驅動來源為高品質的軟體程式，用來預防、管理或治療某醫學上的失調或疾病。」

數位健康（Digital Health）的概念於 2010 年初興起，但直到近年，隨著市場上產品焦點從一般健康管理轉移至臨床實證與應用服務，數位療法才開始嶄露頭角。

數位健康解決方案（即手機應用程式、穿戴式裝置、遠距醫療等）旨在增進或協助管理個人健康狀況。截至 2017 年，App Store 架上已有超過 325,000 個健康 App，可應用在不同的生活或臨床領域中。儘管這些 App 各有價值，卻鮮少能體現或符合數位療法的精神。要真正成為一個療法，需要經控制的實驗，並證明其對臨床結果有所助益，而臺灣的醫療體制讓 Health2Sync 或其他數位健康的服務提供者，有更多機會升級為數位療法。

Health2Sync 推出的服務包括病患端的智抗糖 App、醫療端照護平臺，以及雲端即時分析服務。

智抗糖能讓病患輕鬆記錄血糖、血壓等相關資料，也有飲食與服藥紀錄；它同時能支援市面大部分血糖與血壓機的同步資料。智抗糖能分析用戶所記下的資料，並提供個人化的建議與提醒（圖 6）。

　　此外，病患可以透過雲端照護平臺連結醫療團隊；病患在手機端記錄的資料也將自動同步至照護平臺，醫師與衛教師經由平臺所內建分析／病情分級系統，更方便管理大量病患。這在亞洲至關重要，因為平均每個衛教師要照顧超過 25,000 名病患（臺灣為 900 名）。照護平臺也能整合臨床檢驗報告，同步穿戴式裝置及電子病歷，讓醫療端實現遠距照護與介入，有需要時還可以線上調整處方（圖 7）。

圖 6、智抗糖 App 的數位照護模式

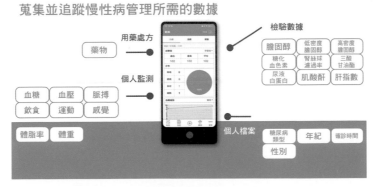

圖 7、智抗糖 App 可與遠端醫療團隊連結並提供數據分析

Health2Sync 作為亞洲最大的糖尿病管理平臺，如今已和超過 100 家醫療院所合作照護病患，而累積的大數據將有助於訓練人工智慧、發展自動化線上衛教系統，並在未來投入其他亟需此功能的國家，例如中國、印度、印尼，並將服務擴展至日本、馬來西亞、澳洲等地。

以本質上來說，數位療法是以軟體為基礎的產品。Health2Sync 的軟體與演算法建構於臺灣的醫學中心與專科診所之上，透過雲端照護平臺與 App，讓醫療端與病患有更多數位接觸點（touch points），以提供更頻繁的個人化建議。Health2Sync 提供的個人介入管道，不僅可以改善臨床結果，也著重良好的軟體開發環境（如 ISO27001 認證、HIPAA、網路安全管理），以及最關鍵的一點：流暢的使用者體驗。慢性疾病（如糖尿病）需持續監測、病患遵從，甚至行為上的改變來配合藥物治療；而數位療法可以有效針對這些需求提出解決方案。藉由資料整合，使用 Health2Sync 平臺的醫療人員可以更深入重新審視治療計畫，做出適時調整。

疾病管理工具 × 整合型產品服務

作為「疾病管理工具」，數位療法藉著協助決策及減少醫療開支、幫助病患（尤其是慢性病患）管理疾病與各種症狀。Health2Sync App 與雲端照護平臺則是從血糖機、穿戴式裝置、掃描食品條碼或手動輸入，掌握血糖值、運動、飲食等身體數據，再進一步將相關衛教知識反饋給病患。

作為「整合型產品服務」，數位療法結合既有的臨床介入與治療手段，增進醫療效果、黏著度及藥物劑量調整。舉例來說，Health2Sync 與胰島素生產商合作，藉由無線傳輸，將胰島素使用量自胰島素筆同步至 App，為數位服務帶來的全新體驗。

數位療法的展望和機會

根據 Business Insider Intelligence 研究資料指出，未來 5 年數位療法的產業發展會成長 30％，且全球的數位療法產值到 2025 年

保險公司	政府
專屬糖尿病外溢保單	規模化慢病管理工具

醫療設備製造商		醫療單位
忠誠客戶獎勵		緩解醫療資源不足

藥廠	病患
數位病患支持與衛教	獲得個人化照護

圖 8、病患透過各種數位服務與醫療照護中的不同角色產生串聯

將增長到 90 億美元。依目前發展看來，實際的市場機會可能遠大於前述的預估。數位療法是發展中的領域，對於未來如何大量複製及普及仍有許多未知因素：

- 數位療法最佳的商務模式為何？
- 前述的商務模式主要仍是透過與藥廠或醫療器材商合作，還是應該創造嶄新的模式？
- 是否可像生技產業透過 IP 提高競爭門檻？
- 有人提過「數據是未來的石油」，那麼透過數位工具蒐集到的真實世界數據（RWD）有何潛在商機？

　　數位療法同時涉及醫療及科技產業，也使其產品及商務模式發展更趨複雜。即便如此，臺灣固有的優勢，包含完善而成熟的醫療模式、完整的健康數據庫及深厚的科技實力，正是培養數位療法不可或缺的土壤；同時，有別於過去藥廠推出新療法都是透過總部推動到各國，數位療法可以打破這個傳統，由各市場在地團隊做決策，讓臺灣持續在數位療法領域領先世界各地。

AIot 與區塊鍊，重塑醫療產業價值鏈

2019 是「智慧醫療」（Smart Healthcare）的爆發元年，之前這個名詞並不存在。臺灣在傳統上稱這個產業為「生技業」，包括製藥（含學名藥及新藥）、醫材和醫療等業種；而醫療主要還是指傳統醫療，並沒有 AI 加入。

2019 年最值得驚喜的，是所有 IT 大廠紛紛開始將醫療產業訂為策略發展重點。為何如此其實沒有特定理由，只能說臺灣的醫療技術實力在全球和亞太首屈一指，因此和 IT 產業結合，可謂「強強聯手」。這可以從去年底生策會理事改選看得出來，35 席中有11 席來自電子產業，包括廣達、鴻海、緯創、可成、佳世達、研華等，幾乎全員到齊。

2019 年智慧醫療全球資本市場大爆發，美國光是在 6 月底就有近 60 家上市，其中最成功的是一間利用人工智慧來提高藥物療效、診斷免疫相關疾病的公司，叫做 Adaptive Biotechnologies，上市當天股價就漲了 100%，市值超過 10 億美元。

值得注意的是，臺灣生技產業近年已被中國和香港逐漸追上。香港現在有超過 10 家無業績生技股；中國 A 股在 2020 年初有一家澤璟生物製藥上市，完全無業績，該公司虧損高達 4 億人民幣，卻募集了 23.84 億人民幣，在科創版成功掛牌，而市值高達 100 多億人民幣。這些都代表中港資本市場生技股的估值水平已經超越臺灣，而全球新冠疫情更加速了這個趨勢。

然而在「智慧醫療」領域，臺灣雖缺乏像中國的平安好醫生和阿里健康這樣有市場和平臺的公司，仍享有技術和人才優勢，亦有

強大的主導力。近年,臺灣的「智慧醫院」成為焦點,主要原因除了本土臨床醫療技術舉世聞名外,資通產業也是名列前茅,加上法規鬆綁、醫院資料庫的連結與互通,以及醫療市場龐大的潛力。根據 Frost & Sullivan 報告,智慧醫院商機在物聯網中排名第二,僅次於工業物聯網,2025 年市場規模將達 1600 億美元,各廠商無不積極與醫藥產業合作或進行投資。

但不論是智慧醫療的哪個面向,都無法脫離智慧的本質,即透過科技(大數據分析)強化醫病溝通、提升醫療照護品質,並用更低的成本來治癒、預防疾病。圍繞此本質我們可以歸納幾項趨勢:

一、機器人使用率逐漸提升

機器人可以提高醫療生產力及減少常規的錯誤,帶來醫病品質的提升。根據 Research & Markets 研究,醫療機器人市場年複合增長率為 21%,在 2021 年可達 129 億美元規模。

二、遠距醫療需求持續增加

醫療資源的匱乏及患者與醫師間的距離,常導致問題發生,而遠距醫療是彌補缺口之道。此外,對於某些可以直接經由遠距醫療看診的病例,也可以降低病患的不便,提升醫病效率。

三、穿戴式裝置持續爆發

除了民眾對於個人健康管理的意願提升外,穿戴式裝置也可提早得知病狀的發生,以達到預防醫療的效果。根據 Gartner 研究,穿戴式裝置市場約以 17% 年複合成長率成長,2021 年預計銷售 5 億個單位。

四、區塊鏈可望解決健康數據安全的擔憂

未來數據共享是極為重要的一環,卻也讓大眾暴露在資料、數據洩漏的風險下,區塊鏈則是可能的解方。IBM、英特爾和 Google 等科技大廠已積極投入區塊鏈醫療保健產品的開發。

醫療是一個永遠的朝陽產業,因為需求永遠都在,只是為了因應時代改變,需要以不同方式來回應顧客需求。藉由 AIoT 協助,可以做到比以往更高級、也更好的醫療精準度及照護。對於臺灣而言,兩個產業的跨界合作,不但能讓醫療產業有更好的效率,也能讓 ICT 產業跳脫代工,找到一條新的出路。

AI >>>>>> AI⁺

在智慧醫療與智慧長照的
跨界領域中，
除了提供虛實整合服務，
傳統企業亟需大幅轉型，
才能在跨域應用需求下
革新產業的服務生態。

9

智慧農業翻轉老化、
缺工危機

臺灣生乳產業的智動化革新，走入農牧業高效時代

蕭士翔、張烜瑋

　　智慧轉型後的農業，會變成什麼模樣呢？炎炎夏季，農民不再需要親自在太陽底下揮汗如雨，只要動動手指，就能讓智慧無人機在廣大田地上遠端監控作物。農忙時節工作繁重，要餵養又要施肥、灑藥，哪裡有時間仔細關注作物生長？好在農民已可透過農用物聯網與感測器，從電腦或平板追蹤農地環境的土壤、水分等資訊，再透過 AI 模型預測，自動調整施肥、用藥與灌溉。每天結束前，農民更可讓作物化身網紅，將作物的生長過程上傳區塊鏈資料庫，讓消費者隨時追蹤生長狀況！最後，農產品的銷售也無需透過層層中介商，只要在農場或家中連上雲端平臺，便可直接與全球消費者進行買賣與支付。有效管理、自動化的智慧農業，讓農民從勞動者搖身一變成為有效的管理者。

智慧農業是臺灣下一個農業升級的契機，無論是農林漁牧都需要透過智慧的方式來提升，也有許多的共通性原則，本文以酪農業為例，思考智慧農業的轉型所面臨的挑戰與解方。

生乳產業的現狀及趨勢

清晨四、五點，一道道黑白相間的身影，披著夜色，沿著規畫的動線，魚貫進入搾乳室。在規律的機器聲響中，生乳傾瀉而出，沿著管線匯集、運輸、貯乳、加工、分裝或調配，再經嚴格審查及產品認證後，從各個通路送到消費者手中——這便是國內牛乳的生產歷程。

乳牛一天兩次的搾乳，解決脹乳的同時，也提供我們豐富的蛋白質與鈣質。酪農業靠著工業革新後的集約式生產，以機器代替手動，利用科技向消費者繳出了年產量 40 萬噸生乳的成績單；與此同時，也創造出年產值 100 億以上的龐大商機。

臺灣從 2000 年至今，生乳的年產量與每公斤價格都穩定提升，乳價原本 1 公斤不到 20 元，到現在 1 公斤快 30 元，漲幅十分驚人。然而前景看似美好的生乳產業，實際上卻面臨內憂外患的窘境。臺紐經濟合作協定自 2014 年 10 月 29 日生效後，進口生乳乃實施關稅配額，配額量由協定生效後的 5500 公噸，每隔 3 年增加 1500 公噸，並自 2025 年起取消配額，對臺灣酪農業造成不小的衝擊。國外在土地廣大及飼料成本低等因素下，生乳的生產成本低廉；另一方面，國內的飼料成本都為進口，占很高的成本比例，價格上也缺乏競爭力。

牛隻方面，臺灣主要使用的品種為荷蘭牛。荷蘭牛的最佳適

乳業革新

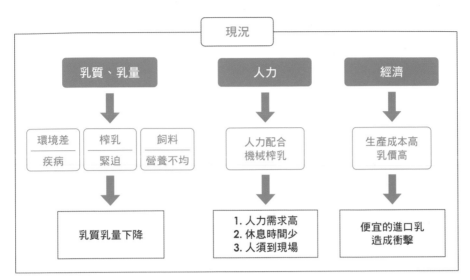

現況

乳質、乳量	人力	經濟

乳質、乳量
- 環境差 / 疾病
- 榨乳緊迫
- 飼料營養不均

→ 乳質乳量下降

人力
- 人力配合機械榨乳

→
1. 人力需求高
2. 休息時間少
3. 人須到現場

經濟
- 生產成本高乳價高

→ 便宜的進口乳造成衝擊

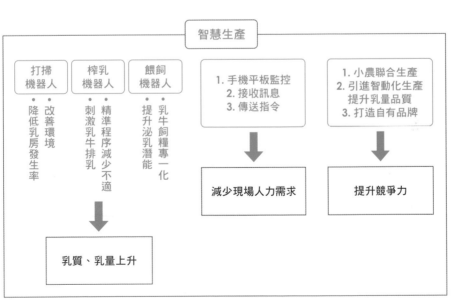

智慧生產

- 打掃機器人
  - 改善環境
  - 降低乳房發生率
- 榨乳機器人
  - 精準程序減少不適
  - 刺激乳牛排乳
- 餵飼機器人
  - 乳牛飼糧專一化
  - 提升泌乳潛能

→ 乳質、乳量上升

1. 手機平板監控
2. 接收訊息
3. 傳送指令

→ 減少現場人力需求

1. 小農聯合生產
2. 引進智動化生產提升乳量品質
3. 打造自有品牌

→ 提升競爭力

應溫度為 15℃，但由於臺灣屬亞熱帶氣候，夏天平均溫度高達 28℃，乳牛會因氣溫過高而產生熱緊迫與食量減少等症狀，也使得平均日泌乳量僅剩 22 公斤左右。

生乳的生產效率低迷及其高生產成本，為兩大影響乳業競爭力的重要議題。影響牛乳生產效率的因素很多，當中環境、飼糧與搾乳過程占大部分因素。普及的半自動化機械搾乳雖比手動更穩定，操作手法上仍會影響產乳量。如今現場已有全自動搾乳機器人，但由於牛隻照護及畜舍環境上都有個別的特殊要求，還需要時間普及化。縱使如此，全自動化搾乳仍是目前最具希望且正推廣的搾乳方式。

生產成本上，飼糧占了一半比例，再來是人力，占 15%。臺灣的土地面積太小，無法供應足夠的飼糧，只能仰賴進口；全自動化則可大幅縮減人力，例如一臺全自動搾乳機器人就可處理 70 至 80 隻乳牛，長久下來可有效節省人力開銷。

農牧業的人力缺乏×人口老化，危機還是契機？

人力上，受到人口老化及年輕人從事農牧業意願降低影響，甚至高薪還請不到人的情況也日趨嚴重，整體而言對生乳生產上有著直接的衝擊。但危機的背後，也存在轉機。智慧化來襲，世代革新指日可待，畜舍設備的翻新更是難以抗拒的浪潮。若想在未來的市場占有一席之地，找到自身定位，就要提早行動，才能在 AI 巨浪來襲時，減低翻覆的機會；同時攀上浪頭，達到臺灣生乳業的另一波高峰。

圓盤式自動榨乳系統
——台牛畜牧場

智慧科技是振興生乳產業的領頭牛

　　不同於 1940、50 年代，乳牛剛被引進臺灣時，人們蹲伏於乳牛下方徒手榨乳的景況。酪農業因工業進步，80 年代即開始講求技術與機械密集，後因知識應用普及，再邁入精準、要求量與質的知識密集及自動化時代。自動化比起早期已十分進步，人力上只需會操作機械，就能省力完成工作；不過缺點也很明顯，還是要有人在現場親自操作。如今，智慧化生產興起，為生乳產業帶來巨大革新。不同於傳統時期人必須親自到牧場才能做事，如今人只要在遠端傳送指令，機器人現場接收到指令後，就能立刻進行修改。此種工作模式不僅省時省工，也有更高的生產效率。

　　生乳產業的崛起是靠著工業革新，才蛻變成現在的模樣；現今 AI 以推翻舊有樣態的強勢姿態出現，並運用智慧科技，例如物聯網（IoT）、大數據（Big Data）等精準化的特性，引領酪農業進入省時

以智慧科技邁向臺灣的農業 4.0

國家政策擬訂的「智慧農業」計畫，發展策略包含「智慧生產」與「數位服務」兩大面向，期望透過智慧生產與系統管理，突破小農單打獨鬥的困境，提升生產效率；並藉由物聯網與大數據技術，建構農業消費的服務平臺，提高消費者對農產品安全的信賴。

政府為了使農牧場達到精準管理，創造更高的生產效率，積極提倡智慧生產。例如政府補助小農在生產流程中引入數位化生產模式，協助掌握產業轉型發展所需關鍵技術的自主能力；在人才培育上，為培育智慧化產業所需的高端人力，委託專業訓練單位辦理技術課程，以協助提升從業人員職能，同時推動在職培訓，加強產學連結及在職人員技能轉型等相關工作。

農業導入 AI，藉數位服務上下串聯生產端與客戶端，以創新技術推升生產效能與產銷品質，促成產業轉型。從生產端傳來的現場資訊，透過物聯網將生產資訊數位化，回傳到生產端並提供解決方案。消費者在智慧服務平臺上的需求，也能經由物聯網回饋給生產端，給予畜主修正依據。最終目的是深化產業垂直鏈及水平供應鏈的智慧化能力，優化產業結構以提升國際競爭力。整合多元零售通路及智動化物流服務，讓消費者得到便捷、安全的消費體驗，並在提高消費者對產品的信賴感的同時，提升整體經濟規模。

省力的高效時代。

人工智慧給予農民精準的**數據**，但如果沒人解釋並善用**數據**，就毫無意義。因此，人工智慧為了幫助生產者改變乳牛場的營運模式，藉由分析從智慧化設備所蒐集的**數據**，透過模仿人類的決策來提供解決方案。換作是先前的設備，要澈底管理牧場中每頭母牛的營養、生產幾乎不可能；而現今的技術卻有辦法提供繁殖、飼養等**數據**，使個體化生產不再是夢想。

智慧轉型：搭上智動化與數據分析的特快車

簡單來說，智動化包含智慧機器人、大數據與系統管理。訊號感測、統整資訊、智慧決策為智慧機器人在智動化生產的內涵；生產資訊透過物聯網來整合、數位化，並至機器端形成機聯網，將生產流程進行整合管理，以利資源分享；大數據則是橋梁，將來自系統管理、智慧機械機器人對資訊進行分析與決策後，再進行回饋修正，使生產流程達到效益最大化。系統管理為統合的角色，可蒐集現場資料及控制現場機械流程，改善製程外也提高生產效益。

聯網服務製造系統為一種物聯網系統，以客戶價值為核心，串聯生產端、通路商及消費者。生產端負責管理供應鏈，控制產量及效率，以求最低成本；通路商管控通路及商品販售，進行市場訂單的分析與預測；消費者藉由消費行為提供資訊，傳至生產端，改變產品內容以滿足消費者需求。

牧場引入機器人的主要原因，是為了改善生活品質及減少人力。乳牛搾乳為全年無休，為了配合乳牛的最適溫度，擠乳時段為每天凌晨及傍晚，且依牧場規模不同，每次搾乳約需 2 至 3 小時，甚至更長，以致畜主及勞工的生活品質低落。因此節省畜主的工作時長，也是機器人發展的主要原因之一。

「精準化乳牛場經營」則是生乳智動化的發展基礎；內容是利用精準的感測技術來蒐集資料，把生產單位從「牛群」縮小至「個別牛隻」，幫助酪農以系統化方式控管生產流程。產業發展的技術重點包括擠乳、健康管理、發情管理、營養管理與環境清理等。

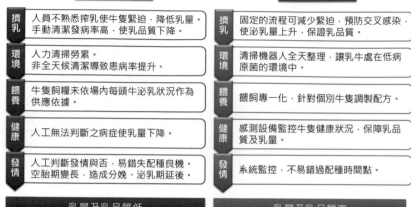

現況	智慧生產
擠乳 人員不熟悉搾乳使牛隻緊迫，降低乳量。手動清潔發病率高，使乳品質下降。	**擠乳** 固定的流程可減少緊迫，預防交叉感染，使泌乳量上升，保證乳品質。
環境 人力清掃勞累。非全天候清潔導致患病率提升。	**環境** 清掃機器人全天整理，讓乳牛處在低病原菌的環境中。
餵養 牛隻飼糧未依場內每頭牛泌乳狀況作為供應依據。	**餵養** 餵飼專一化，針對個別牛隻調製配方。
健康 人工無法判斷之病症使乳量下降。	**健康** 感測設備監控牛隻健康狀況，保障乳品質及乳量。
發情 人工判斷發情與否，易錯失配種良機。空胎期變長，造成分娩、泌乳期延後。	**發情** 系統監控，不易錯過配種時間點。
乳量及乳品質低	**乳量及乳品質高**

智慧化生產：提高生乳的質與量

平均產乳量及乳品質，為判斷一個牧場生產性能的重要指標。智慧化生乳的生產目的，很大一部分是為了提高生乳產量與品質。在擠乳動線上，利用搾乳機器人搾乳的穩定性、即時反映生乳各項數據等特性，能有效幫助達成目標。

在提升產乳量上，搾乳機器人以自動偵測乳房的方式幫牛套上乳杯，過程輕柔且能一次到位。而每次搾乳狀況一致，也能有效減少乳牛的緊迫。自動擠乳系統中，搾乳機器人有別於人工清洗，不僅以獨特的方式完善擠乳清潔、消毒的標準流程，減少操作上失誤，同時也可以避免交叉汙染。

機器人在擠乳過程中也會對生乳品質進行檢測，其中牛乳的導電度與牛乳中的離子濃度有關，泌乳牛罹患乳房炎時期分房乳的導電度會產生變化，因此可藉由分房乳導電度的變化，檢測出泌乳牛是否罹患乳房炎。此外，對於不符合品質要求的廢乳，也有其他管

線做集中與回收，搾乳機器人完善的處理方式能減少不合格生乳產生。

　　牛舍的環境清潔為減少疫病傳染的最關鍵因素。牛隻生病的很大原因來自溼熱的氣候環境，以及牛舍環境不清潔，致使病菌滋生。誘使乳房炎的病菌便是其中之一。畜主除了改良牛舍設計外，會定時以刮糞機或清水沖洗地面牛糞；然而，專為牛舍結構開發設計之智慧沖洗機器人，能在規定的時間執行任務，讓牛舍長期保持在乾燥清潔的環境中，大幅降低染病風險。

　　乳牛所獲取的營養會直接影響牛乳質量。乳牛的營養大多來自瘤胃的發酵產物，因此要確認飼糧是否合適，瘤胃的狀態是很好的參照指標。目前市面上已有存放於牛隻瘤胃中的感測裝置，能即時偵測牛隻瘤胃中的重要數值，例如 pH 值、溫度等。畜主可藉此獲得瘤胃中有效的生理數值，提前偵測與消化、代謝有關的營養疾病；這也能進一步協助畜主擬定重要的餵養決策，包括飼養配方、營養補給及藥物使用等，做好乳牛的營養管理。

　　週期管理母牛分娩也是重要的一環。乳牛泌乳期結束後，到下一次懷孕間期稱為空胎期，此時期乳牛並無任何產能，僅消耗飼糧而已。空胎期愈長，懷孕，分娩，再到泌乳期的時間就更久。因此確認發情時間點的能力，會直接影響乳牛的生產力。現今的發情檢測系統主流為頸套或腿環的構造，例如富士通的「牛步」，配戴於牛隻的頸部或腿部，全天候偵測牛隻發情行為（採食時間、步數與起身頻率等），精準監測牛隻發情，取得數據經由整合，提供畜主建議的配種時間，讓畜主在管理上更加輕鬆。

智慧農業翻轉老化、缺工危機

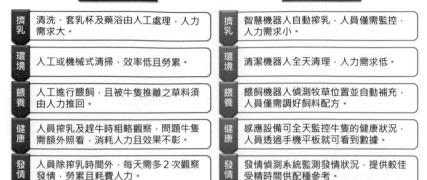

智動化：讓勞動力的應用真正智慧化

搾乳的主要流程包含清洗、乾燥、預搾、套乳杯、搾乳、藥浴。半自動化機器僅處理搾乳，其餘流程都由人工進行。若牛隻數量不多，時間不會拖太久，一旦飼養規模很大，就需要大量人力提升作業速度，而成本及人力缺乏會是一大問題。在智動化搾乳的基礎中，搾乳機器人不僅可以單獨完成所有作業流程，還能在系統化幫助下，傳送資料幫助乳成分分析。整體流程所需人力減少，但仍需能看懂數據並做出正確決策的人才；此單一人力成本雖高，卻能補足人力缺乏的問題。

泌乳牛雖同處泌乳期，但依牛隻年齡不同，身體狀況各異，所需營養及採食量自然也不同。傳統的機械搾乳，為了節省工時，會統一進行搾乳及餵飼。這雖能有效節省人力，但也因為並非完全配合每頭牛的狀況，導致乳產量、乳品質難以達到最理想的狀態；相較之下，餵飼機器人可以憑藉系統提供的專一化提升管理品質。透

過辨識、管理系統及擠乳機器人間的連結，餵飼機器人會在乳牛自願擠乳時提供專屬的精料配方及餵飼量，妥當管理牛隻的營養情況。

至於飼糧提供上，最合適的頻率為每天 2 到 3 次，不過現場的餵飼機器人能確保乳牛隨時都可食用飼糧及牧草。餵飼機器人的功能分成兩種：第一種是自動偵測牧草的位置，並把牧草放置於餵飼處；第二種是可將牛隻進食時推離欄杆的飼糧與草料推回去。比起派人力守在吃飼糧的牛隻旁，省力又省時。有了餵飼機器人，畜主只需確認每組動物的餵飼配方比例，大幅降低人力成本。

在牛隻健康的智動化方面，智能乳場助手（IDA）結合兩種技術：AI 與運動感測器，來幫助牛隻的健康管理。運動感測器會先偵測母牛的活動，將資訊傳輸到 AI，蒐集到足夠數據後，AI 再整合數據，建立資料庫。當母牛的最新活動數據傳到 AI 時，AI 能和先前的數據比對，確定母牛是否生病、準備繁殖或生產力下降。除此之外，AI 還能在乳牛行為及健康數值異常時向畜主發送警報。如果僅僱用人員觀察，在其他工作量擠壓下，觀察得來的資訊量少且片面，效率上也不理想。

乳牛發情偵測器除了可預警疾病之外，也可監測乳牛發情狀況，並提供母牛的最佳授精時間，方便畜主進行人工授精的時間管控，提高母牛的受精成功率。

環境清理在飼養牛隻中乃為一大耗費勞力之工作。現在市面上有各種清掃機器人，這些機器人可以全天候穿梭於牛群中，良好的機動性與安靜的特性，能在清潔牛隻活動場域時不驚擾牛群，同時確實保持地面乾淨，保護牛蹄健康。機械特性上，充電一次一般就能工作 18 個小時以上，且具安全開關，推力過大時會停止移動，

保護乳牛的安全。相較於一般畜舍每天得清潔兩次、一次就要耗上數小時，清掃機器人可大幅提高畜舍環境清潔度，不僅能實現動物福利，讓牛隻心情愉悅也有助於產乳，同時縮短人員工時、減輕工作負擔。如今國內已有愈來愈多畜主引進此類清掃機器人。

農業產銷體系升級，需要智慧化的普及

智慧農業藉由農產品產銷智慧化，在生產方式、人機協同、食品安全、消費行為等方面，提供更完善的服務，並藉由資訊服務平臺，使消費者了解農產品的產銷履歷，讓資訊透明化，提升消費者對國產農產品的信任度。

臺灣的智慧化在畜產業目前多為硬體建構與發展階段，軟體與智慧化周邊仍與歐美先進國家有所差距。若要改變產業現況，須從講座等教育推廣上著手，例如教育訓練講習、智慧化相關領域專家學者的演講活動，向畜主推廣技術及觀念；並在政策上協助畜主引入智慧化生產系統，促進產業轉型。儘管半自動化仍為主流，但未來若能逐步引進智慧化系統，可以提高畜產業的生產效率，並在生產端至消費端的有效整合中，讓國內農業的國際競爭力大幅躍進。

全球性的農業生產由 1.0 推行到 4.0，國外的步伐始終趕在我們前頭，且仍積極發展。我們在急起直追前，應先使智慧化概念在國內更加普及。對於往後的各種產業而言，效率及有效資訊量將是競爭力的基礎。智慧農業科技發展將帶動農業轉型與升級，而感測、人工智慧、物聯網、大數據分析等先進技術，能建構智慧農業產銷體系。此產銷體系是我們在未來的激烈競爭中，占有一席之地的重要因素。

未來農業的五大智慧挑戰

2019 年 3 月，我成立的新北市－亞馬遜 AWS 聯合創新中心，在高雄舉辦了一場盛大的「智慧農業」論壇，並且邀請到以農業科技（AgriTech）聞名的以色列駐臺代表前來見證，算是第一次大型的相關活動。

之後，鴻海集團郭台銘總裁也積極打造農業科技生態系，鼓勵農業新創公司成立，引起相當程度的反響。但坦白來說，智慧農業發展在臺灣仍相對緩慢，並未吸引很多創投資金關注。

其實臺灣受到日本影響，在農業技術領域早有一定的實力。2018 年，英國私募股權基金 Permira 以 4 億美元投資臺灣水產飼料公司全興 50％股權；同年，日本私募股權基金 Advantage Partners 也投資 1 億美元，併購以有機農業聞名的石安牧場，均說明外資對臺灣在此領域專業技術的肯定。

2020 年初，美國動物培養肉製造商 Memphis Meats 成功募集超過 1.6 億美元的 B 輪資金，日本軟體銀行與新加坡淡馬錫皆在投資人之列。

此類動物培養肉新創，還包括美國的水產培養肉新創 BlueNalu 與以色列的動物培養肉製造商 Future Meat Technologies，他們也各自在 2019 年募到上千萬美金的 A 輪資金，表現投資人的高度支持。相較於 2016 年全球僅有 4 家較為知名的動物培養肉新創，2019 年成長達 7 倍之多，共有近 30 家新創投入研究，嘗試顛覆傳統肉品。這也說明了改變不僅勢在必行，而且步調只會愈走愈快。

這些公司應用最新生物科技技術，讓動物性蛋白質的生產無需

傷害任何生命，而且更環保；同時保留動物肉的風味與營養，為動物權的倡導者及環保主義者提供動物蛋白質攝取的新選擇。

除了食品科技革新之外，農業在硬體、軟體、與商業模式三方面的智慧轉型，也能夠協助解決未來農業面臨的五大挑戰：

一、產品價格的挑戰。

數位技術能提供農業生產狀況的溯源性、透明性；區塊鍊的智慧合約技術提供期貨之外的合約選擇，這些都有助於農產品價格的穩定。

二、人力缺乏的挑戰。

硬體的智慧轉型包括無人機、自動化採收等等，都能因應未來人力資源不足的問題。Yamaha 旗下的 VC fund、Yamaha Motor Exploratory Fund，在 2019 年就投資了數家農業自動化採收的新創，中國的 XAG 也發表次世代的農用無人機，就是看見了農業缺人的未來及自動化的潛力。

三、行動主義（Activism）的崛起。

行動主義主要表達的概念是：以行動實踐自己所支持的理念，例如支持環保的族群會反對甚至抵制汙染較高的畜牧業。數位科技幫助消費者了解農業的生產故事，並多方宣傳農業對永續經營的努力。

四、監管測量的挑戰。

傳統對農業的監管測量因為較複雜難懂，對農夫而言合規相當

困難；數位農業技術的導入可以大大降低合規成本。

五、資源管理挑戰。

　　精準農業是資源管理的解方，其發展主要受到來自兩方面的動能支撐：IoT 科技的成長及數據分析風潮。數據感測器搭配無線通訊的技術，扮演蒐集數據的關鍵角色；而數據分析作為工具，將數據化為洞見，提供決策者明確的指引，為農夫提供增加產量、減少成本與損失。

10

AI 教練打造運動生態系

智慧運動高達 7 兆美元的產業藍海

朱正忠、石志雄

　　很多人都想運動健身，不過開始運動容易，持之以恆卻很難，小安也不例外。小安想建立運動習慣，自己卻沒有太多想法，也不想花高昂的費用在健身教練上，她感到很苦惱。所幸在智慧運動科技的幫助下，小安得以輕鬆達到自己的目標。如今市面上的穿戴式耳機裡有鑲嵌生物傳感器，可以直接偵測到小安的各個身體指數，讓她更了解白己每個運動階段；這種耳機還能分析小安的身體狀況及過往數據資料，量身打造最適合她的運動方式。此外，很多智慧手表也能即時監測心跳、血氧濃度及記錄睡眠狀況，讓小安能隨時掌握自己平日的身體健康狀況。智慧運動科技不僅讓小安不僅有效進行體能訓練，也生活得更健康。

當運動遇到人工智慧

近年來隨著社會經濟發展，運動經濟也持續成長，運動休閒逐漸受到大眾重視。根據 KPMG 的全球運動產業報告，全球運動產業產值達 6 兆至 7 兆美元，占全球 GDP 總值超過百分之一。體育大國運用科技輔助運動已行之有年，不斷創新發展。臺灣的運動科學觀念大多來自先進國家，儘管也有多家全球知名運動器材廠商，在運動科技領域上仍有很大的發展空間。近年來，AI 人工智慧與物聯網等相關技術興起，正是擁有研發實力的臺灣發展運動 AI 電子產品和運動 AIoT 的大好機會。在運動員的訓練上，人工智慧可以提供新型態的幫助：包括具體及個人化運動員的即時運動資料，以追蹤運動員的效能，同時增進運動員的健康，避免疲勞與傷害；還能處理大量資料，建立起新的關聯性，以產生新點子。即使與極具經驗的教練相比也毫不遜色。目前市面上已有一些企業或研究單位將運動與 AI 結合。Under Armour 是一家快速發展的全球頂尖功能性運動品牌，並運用 AI 來強化產品的效能。他們與 HTC 聯手推出新產品 UA HealthBox 健身套組，就是一款具備 AI 功能的個人化健康管理系統；迪士尼研究院、加州理工學院和 STATS 研究人員則共同推出一種人工智慧的運動競賽準備方案，可以幫助球隊和運動員更好地為特定對手做好準備。這種方案不僅使用先進的分析技術來研究對手，也能透過人工智慧計算、預測對手在競賽現場最可能出現的反應。

健身、訓練主流：穿戴式設備

運動科學（Sports Science）是對於人類體育活動進行科學化分

析的綜合性科學。將各科學領域的專業知識應用在運動上,最終達到提升運動表現及健康目的。傳統運動訓練模式較偏向知識和經驗傳授,大多數運動員退役後會成為教練,繼續培育後輩。他們通常會以自己過去運動員時期的訓練經驗,來指導下一代運動員。

然而,隨著 Fitbit 這種穿戴式設備在體育市場逐漸攀升至重要地位,Fitbit 所提供的量化數據,即透過 AI 得出有意義的統計數據,讓運動員藉此調整自己的訓練,並改善表現。一般來說,運動員會在教練的指導下來改善運動模式;教練也會在看比賽時指出運動員的錯誤和缺乏效率的不佳表現。相較之下,教練根據的是他們**看得到**的資訊來判斷;穿戴式設備則是透過心率和移動軌跡等數據,提供人眼**看不到**的深入數據。可穿戴設備包含電子傳感器,例如加速計或陀螺儀,它們提供連續的運動資訊,顯示不同事件發生時的變化。例如,腕戴設備可以讀取正手擊球與反手擊球的不同運動模式。

不過,穿戴式設備還有待研究與實驗驗證,並具體到運動種類和環境的適用性。因此,它需要驗證成本效益和準確性、供電時間及使用者的使用意願等可用性驗證。穿戴式設備的讀數將受到許多因素影響,以羽球為例,像是人們拿球拍的方式、正在發球或殺球,甚至設備的佩戴方式;而這些都只是許多變因的一小部分,必須透過評估,才能對不同的測量結果進行配對。

機器學習:資料蒐集和整合的挑戰

不同來源的資料必須進行建模及分析。例如運動含括許多變因,運動資料難以預測的原因即在於:運動行為很難完全相同,因

此難以預測每個運動行為，也可能降低設備的精準度。深度學習可以對體育的應用上提供更多幫助；從蒐集的資料中學習，並識別可能造成影響的因素，隨時間推移累積更多時序數據。例如網球數據，深度學習可以檢測相似的運動模式，並將相似的數據組合。這些數據可以為發球和擊球（如正手、反手、截擊）等事件自行建立運動分類。如今在處理大量運動統計數據時，AI 不僅能讓我們比以往更省力，還可識別那些人類難以察覺的運動表現影響因素。

精準運動

人體運動動態模擬的相關研究

在分析人體神經、肌肉、肌骨骼的位置，以及運動效能和評估肌肉骨骼內部負荷等研究上，都需要運用人體運動動態模擬技術。對涉及人體結構的醫學研究來說，人體運動動態模擬可以提供運動傷害預防，以及復健治療所需的運動人體力學和座標數據基礎；在運動科學上，人體運動動態模擬則可以協助訓練計畫，並擬定增進訓練強度的有效策略，達到提升運動成績。

有鑑於人體運動動態模擬的高度複雜性，開發一套高效能運動動態模擬系統，能讓生物結構與運動科學研究者同時受惠。2007年，史丹佛大學研究團隊結合解剖學、生理學、神經科學、運動學、力學、機器人學與資訊科學等跨領域專業，開發出人體建模與運動動態模擬工具 OpenSim。OpenSim 可以協助計算難以透過實驗量測的肌肉與骨骼生理負荷，並結合醫療輔具設計的物理模型進行聯合動態模擬。

OpenSim 將人體骨骼、關節與肌肉描述為一組互相連接的拓撲

圖形（topological graph）。使用者透過實驗量測骨骼的空間位置，OpenSim 根據肌肉骨骼模型的生物力學，逆向推算不良姿勢對身體不同部位所造成的傷害。圖片中還可顯示例如當運動員單腳落下至傾斜 30 度的斜坡時，可能對腳踝造成的傷害程度，並同時顯示啟動內翻肌及外翻肌的放鬆動作，可避免對腳踝造成傷害。

AIoT 運動資訊分析平臺

為了支持 AIoT 運動科學和醫學研究，一個能有效支援運動資訊學和分析的集成平臺是必不可少的。運動資訊學包括蒐集、表達、整合、存儲和計算資料；採集包括從感測器或運動員的觀察中獲取資訊。要打造此平臺的工具和技術包括：資料視覺化、預測建模和機器學習。在運動領域中，這可能意味著提高運動員或團隊表現、增進運動參與度、深化球迷參與度，以及開發創新的教練策略。該平臺利用多模型智慧，基於物聯網感測器、三維建模工具、人工智慧和大數據分析等進行智慧決策。

運動智聯網

圖 1 右下角是運動物聯網的示意圖。受測人員配備多種物聯網感測器，採集生理和運動信號。生物物聯網由腕帶、貼片和貼紙組成，負責採集重要的生理資料；運動感測器安裝在羽球器材和受測運動員的四肢上。典型的運動感測器包括線性和角向陀螺儀感測器，可精準記錄受測人員的運動行程。

圖中顯示的是一隻智慧鞋，作用在於檢測運動員的腿在地板上施加的受力情況；智慧眼鏡作為一種回饋裝置，將運動建議和方法從數位教練傳送給受測人員。訓練指導資訊與 Openpose 分析的受

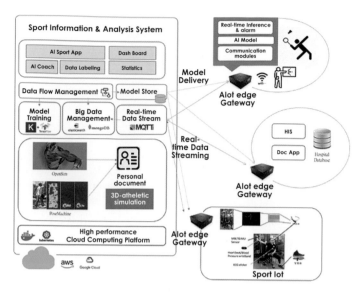

圖 1、AIoT 運動醫學系統架構

測人員即時圖像採集結合，進行姿勢分析。數位教練結合三維模型模擬（OpenSim），致力於融合理想的數位教練骨架與受測人員骨架，使用者可以隨時透過數位教練來糾正自己的動作。

三維建模與模擬

這些資料可以從後閭詳細介紹的 AIoT 子系統中即時蒐集。包括從備用相機獲取並由 Openpose 處理的骨架，以及更精細的資料，例如線性方向和角度方向的加速度。這些數據都將輸入 OpenSim 軟體，用於預測分析可能的疲勞和損傷程度。OpenSim 所提出的正確運動或姿勢序列可以即時合成，也可以從資料庫中提取，其資料庫存儲了大量的預訓練或預分析的運動軌跡。考慮到從 AIoT 系統獲取的受測人員即時骨架，後端雲系統負責將理想的骨架與即時用戶的骨架合併。合併樣式有許多選項，根據使用者需求或教練指導，

可以將合併樣式與身體特定部分配對，並提供使用者一個遵循的目標。這樣的跟進動作不僅能讓使用者追隨練習，還能防止因過度訓練而受傷。

運動 App

Sports App 提供控制臺、AI 教練、醫師、教練、運動員和管理員的資料標記及統計等功能，使用者可以選擇訓練目標和訓練強度。受測人員開始培訓之前，可以在 App 設置受測人員的部分訓練內容、體重、訓練時間、課程等；培訓結束後，App 則回饋用戶培訓和評估分析等細節。結合雲端的 AI 深度學習模組和資料處理模組，以數位教練形式為受測人員打造合適的訓練模式。

不同尺度、尺寸和方向的加速器感測器，分別安裝在設備和受測人員的相關身體部位。此外，受測者還配備心率、血壓手環、心電圖肌貼、肌電貼、生理信號採集智慧鞋等多種感測器。當系統檢測到不正確的動作時，會通過智慧玻璃和大螢幕通知受測人員正確的動作，受測人員可以通過跟隨數位教練的動作來糾正自己的動作。智慧玻璃和大螢幕電視的複合螢幕對於智慧運動的感測相當重要，因為旋轉運動不易被 Openpose 檢測到，因此受測人員手臂和腿部特定位置還可外加運動感測器。

本章介紹跨領域 AIoT 運動科學整合系統，以及 AIoT 技術研究、應用及驗證，並以羽球為例，結合 AI 與 IoT、3D 模型建構、QoS 服務、巨量資料分析和生理力學模擬等相關領域，整合專業的體育團隊。學術上包括東海大學及專業運動醫療團隊（高雄長庚醫院特色運動中心、奧運亞運選手）及運動產業（海量數位工程）；資料蒐集上包含一般學生、體育系學生及國手，在資料的來源及廣

　　一直以來，許多羽球選手為了檢視自己的動作正確與否，以及打法是否過於單調，會選擇錄下比賽情況。然而，人工檢查大量影片過於麻煩不便；其影像品質也不容易觀察到選手手部細微的動作，以及正確擊球時間。在羽球運動中，手腕的細微動作頻繁且關鍵，目前想精準記錄羽球擊球過程多以傳感器為主。

　　目前市面上有兩款較普遍的羽球運動 App：Usense 智能羽毛球拍傳感器與酷浪小羽 4.0。兩者在功能上非常相似，都是透過慣性傳感器偵測球拍揮擊時的動作，使用者只要將傳感器裝在球拍底座，即可透過 App 觀察自己的擊球狀況、球風分析、揮拍的最大拍速，以及各球種的擊球數；App 也會依據累積的擊球資料，判斷使用者屬於攻擊型、防守型或均衡型的選手。

　　相較於臺灣，網球在全球的受眾範圍更大，而且與羽球擊球記錄方法有著相似之處，例如 SONY 早在 2014 年就已發布產品 Smart Tennis Sensor SSE-TN1，布局 AIoT 運動市場。

智慧球場的功能

- 賽事裁判：由裁判依照不同比賽級數建立賽局，使用 App 記錄比分，並將即時比分、球員戰力、球員積分顯示於看板上。
- 戰力配對：已約定好的賽事進行，可使用友誼賽功能，配對後即開始對局；也可設參數隨機匹配對手。
- 分析統計：記錄揮拍時數據並呈現 3D 軌跡，從中了解打球力道、姿勢等，方便使用於訓練、娛樂、賽事上。
- 精華影像：能將比賽的精華片段經 AI 剪輯製作後於大螢幕播放，亦可下載至手機。

圖 2、智慧球場

度、深度深具優勢，也有利未來的資料分析及比對；同時運用影像處理及 3D 建模，從 open data 及比賽影片蒐集作為日後運動各面向的分析改善依據。這當中也將使用者的多項體能訓練情形納入分析，例如肌力、爆發力、速度、耐力、敏捷性、柔軟度等，並結合使用者日常健康數據，分析設計出一個高維度的數學模型，再透過高效能雲端運算進行大數據深度學習與分析，對使用者與訓練團隊提供建議；除了提前預測與預防，也可提供已有運動傷害的選手在傷害管理、改善追蹤分析等服務。運動改善研究需要蒐集、整合、塑模和分析大量來自不同領域的數據，並仰賴不同領域專家在智慧的平臺上協同合作。

運動「零阻力」、「社群化」是未來趨勢

2019 年，美國有一支智慧運動股上市，叫做派樂騰（Peloton），為當年熱門的概念股，很快市值衝上 10 億美元，變成獨角獸。派樂騰於上市前，在臺灣併購了一家自行車製造工廠，花了 20 億新臺幣。但它和大部分臺灣公司不同，並非以製造產品為主，反而靠獨特的商業模式，走出一片自己的天空。

派樂騰是一個「運動網紅」直播平臺，平臺上有許多知名的健身教練，設計熱門的健身課程；自行車只是附帶產品，真正的收入來源是平臺及其所創造的會員經濟。

臺灣和運動產業息息相關，有許多和運動相關的企業，比如說以生產 Nike 運動鞋知名的寶成、全球最大的自行車製造商捷安特，以及知名健身器材開發商喬山。但絕大部分臺灣廠商仍以生產製造為主，缺乏像派樂騰這樣智慧化的商業模式。

也因如此，朱正忠老師所寫的「智慧運動」研究特別有趣，也別富意義，在「AI⁺」生態系中開啟了一片新的視野。全球體育產值將近 6 兆到 7 兆美元，占全球 GDP 總值超過百分之一，非常值得關注。過去臺灣業者的切入點多以「穿戴式設備」為主，透過 AI 提供的量化數據，發揮關鍵作用。去年 Google 以 21 億美元併購運動穿戴公司 Fitbit，算是一個代表性例子。

不過，運動產業並不限於穿戴式裝置，未來更要朝「精準運動」的方向發展。透過人體運動動態模擬，提升運動的強度和有效性，這才是真正的未來的趨勢，而且不限於專業的運動員，也能和一般民眾的喜好與生活結合，這正是派樂騰廣受歡迎的原因。

抓住以下五大使用者需求，才能在智慧運動領域中抓住成長機會：

（一）**量化數據**。運動科技獲取身體更多資訊，透過數據的詮釋，讓運動不再只是一個大概的感覺。有數字當作指標，就能提升運動表現。

（二）**虛實整合**。消費者不再只是被動接受資訊，轉而自行選擇能與時俱進、客製化的獨特使用者體驗。運動成為一種高端的娛樂享受。

（三）**遊戲化與社群**。運動社交資本的出現，來自於消費者運動不只是希望改變自己的體態，也希望被別人關注。如何用有趣的方式建立起社群，更是決定使用者黏著度的關鍵因素之一。

（四）**串流教學影音**。運動過程若缺乏教練指導，常會遇到訓練效果卡關的情況。市面上雖有大量免費影音，但擁有系統規畫、名師帶領、價格平易近人的線上訓練教學課程，照樣大受歡迎。

（五）**居家健身**。不想出門運動絕對是民眾不運動的三大原因之一。運動科技已經突破了時間與空間的限制，如今穿衣鏡、大型壁掛都能結合物聯網成為健身設備。

英國物理學家史蒂芬‧霍金有句名言：「不要讓身體的不便限制了你的靈魂。」非常適合描述智慧運動的發展。運動科技的發展講求精準、快速、方便、有效，幫助人類突破諸多不便、獲取更多資訊。未來，「沒空」、「懶惰」、「天氣不好」都不再是不運動的正當理由。

以中國市場來看，未來 5 至 10 年產業趨勢將從「需要」逐漸

推往「想要」；食衣住行是「需要」，育樂則是「想要」，也就是我們所說的高端精緻服務業，運動即是屬於這個領域。當運動遇上 AI⁺，走出的是一片藍海。

第一章 智慧科技在臺灣	第二章 智慧城市的基礎 建設	第三章 智慧生態系打造 新經濟	第四章 決戰未來數位 新客戶
陳鴻基	**翟海文**	**黃齊元**	**劉鏡清**

現為東海大學講座教授及管理學院院長，取得美國威斯康辛大學博士學位後，先後任教於美國聖母大學、中正大學、清華大學、臺灣大學。歷任系主任(所長)、副院長、執行長、院長等職，目前是臺灣服務科學學會理事長、中華民國科技管理學會院士及理事。發表超過百篇研究論文於國際知名期刊，也獲科技部傑出研究獎。

2017年創立SoftChef，為專注提供智慧城市解決方案商，是大中華區AWS IoT Lab的首屆技術夥伴之一。過去在網通產業17年、雲端相關產業超過6年，對於雲端產業動態、市場脈動相當熟悉，擅長用創新商模布局全球，目前業務與夥伴擴及美國、香港、新加坡、泰國等地。

大中華知名金融家，超過30年投資銀行和創投經驗。藍濤亞洲總裁，臺灣併購與私募股權協會創會理事長，東海智慧轉型中心執行長，新北市－亞馬遜AWS聯合創新中心共同發起人，蔚藍華騰（dTRAN）智慧顧問董事長，知識平臺智門SmartGate創辦人。

資誠創新諮詢公司董事長，投身企管顧問及資訊顧問行業超過20年，專長於策略管理、流程改善、資訊策略規畫、全球整合、ERP、SCM、產品創新、成本取出及銷售等議題。曾任IBM全球企業諮詢服務事業群總經理及大中華區供應鏈顧問服務負責人。率領近500人顧問團隊，熟知大中華地區客戶業務轉型改善、流程轉型及全球化等議題。

第四章 決戰未來數位 新客戶 **謝佩珊**	第四章 決戰未來數位 新客戶 **黃延聰**	第五章 顛覆全球製造業的 關鍵「人」物 **羅仁權**	第六章 新金融時代的 崛起 **王可言**
2018 年起任職於東海大學企管系。2015年在清華大學取得科技管理博士學位後，2016 年在深圳大學工商管理系任教，並於 2012 年前往猶他大學擔任訪問學者。研究領域主要為服務科學、服務創新與管理、服務體驗與設計等。	東海大學企業管理學系教授兼系主任。研究領域包括：組織能力更新、策略變革與創新、策略聯盟與併購等。曾發表多篇研究論文於中山管理評論、管理評論、管理與系統、臺灣管理學刊、European Journal of Marketing、Journal of Business and Industrial Marketing 等學術期刊。	全球機器人知名權威，獲德國柏林工業大學博士學位，現為臺灣大學電機系講座教授暨終身特聘教授。曾任中正大學校長及工學院院長，為臺灣第一位擔任 IEEE 所屬國際工業電子學會總裁，研究領域包括光機電整合系統、微奈米技術、電腦視覺伺服回授控制系統、智慧型感測控制機器人理論與實務應用等，發表 500 餘篇學術科技論文。	臺灣金融科技公司董事長、臺灣區塊鏈大聯盟應用推廣組召集人，致力於協助企業運用尖端科技與創新事業模式推動數位轉型，以及推動永續發展生態圈經濟。曾任美國 IBM 全球顧問服務合夥人、IBM 傑出工程師、IBM 技術學院院士、全球服務事業轉型研發創新長、資策會副執行長等。

第六章
新金融時代的
崛起

林蔚君

現任亞洲大學副校長、中亞聯大講座教授，聯融智慧公司創辦人與美國運籌及管理科學學會院士。曾任 IBM 美國全球企業諮詢供應鏈創新總經理、IBM 傑出工程師、IBM 技術學院院士、紐約華生研究中心資深經理、美國哥倫比亞大學工工系兼任正教授，以及資策會前瞻科技研究所與大數據研究所所長。

第七章
航向智慧醫療
新藍海

左典修

捷格科技股份有限公司董事長、日本 AMC Solution 社長、臺灣智慧醫養產業發展協會理事長、臺灣照護感動共生協會理事。20 年以上醫療數位化、智慧化、長照、遠距醫療等各種創新科技應用設計，其設計方案導入兩岸醫學中心、大型醫院及美日等國家。

第八章
大健康時代需要的
智慧

余金樹

現為慧誠智醫創辦人與總經理、臺北市電腦公會智慧城市聯盟智慧醫療召集人、中華民國軟體協會理事、臺灣高齡產業創新發展協會理事、香港大學 SPACE 企業研究院（HKU SPACE Executive Academy, SEA）商業學院客席講師。

第八章
大健康時代需要的
智慧

何俊聰

現為耀聖資訊總經理、方鼎資訊董事長及盛雲電商執行長。20 餘年來均投入臺灣基層院所資訊系統市場，對資訊科技與診所市場特性具有其長年經驗與認知。

第九章
智慧農業翻轉
老化缺工危機

蕭士翔

臺灣大學動物科學技術學系博士，東海大學畜產與生物科技學系助理教授。教學領域聚焦於動物福祉、動物飼養、精準農業、循環農業。歷年累積的研究經驗涵蓋畜牧、獸醫、生物科技、生物感測與農業綠能等，目前致力於農牧業 AI 技術、運算資源與智慧化經營管理。

第九章
智慧農業翻轉
老化缺工危機

張烜瑋

2017 年起就讀東海大學畜產與生物科技學系，2018 年加入東海大學蕭士翔助理教授實驗室，主要參與高通量感測與製劑開發，運用於智慧農牧場共同平臺之建立。

第十章
AI 教練打造運動
生態系

朱正忠

美國西北大學資訊科學博士，曾任職於美國矽谷洛克希德公司軟體技術中心，並獲頒 Special Contribution 及 PIP Express Award。曾於史丹佛大學擔任訪問學者。現為東海大學資訊工程學系特聘教授。曾榮獲 IEEE Computer Society 傑出貢獻獎、IEEE Reliability Society, Leadership & Outstanding Service Award、東海產學合作優良及傑出獎等榮譽。

第十章
AI 教練打造運動
生態系

石志雄

於美國萊斯理工學院取得計算機科學理學碩士學位和機械工程博士學位。畢業後在 IBM Corp. 微電子部門的 EDA 團隊工作。目前服務於東海大學資工系。研究興趣涵括物聯網、人工智慧、運動科學和軟體工程。主持十餘個科技部研究專案計畫，包括 AIoT 運動系統整合（用於舉重和乒乓球），並在相關應用領域發表 30 餘篇期刊和會議論文。

第一章
智慧科技在臺灣　走在未來 50 年浪頭上的智慧風潮

- 資策會服務數據中心（2018）．智慧科技應用與翻轉產業趨勢專題研究
- 〈當人工智慧遇上物聯網 迎接 AIoT 智慧時代〉．今周刊．陳計策、賴宛靖．2018 年 2 月 9 日
- 〈未來 AI 發展八大新趨勢〉．科技政策研究與資訊中心科技產業資訊室．張小玫．2017 年 10 月 6 日
- 〈未來產業升級模式：智慧化＋服務化〉．工業技術研究院（2017）

第五章
顛覆全球製造業的關鍵「人」物　AIoT 與智慧機器人掀起的新零售商機

- Ren C. Luo and Yi Wen Perng, "Omni-Directional Touch Probe with Adaptive Maneuvering for 3D Object Machining and Measurement Verification Applications", IEEE Transactions on Industrial Electronics, Volume: 66, No.12, pp2268-2277. 2019（SCI）（EI）
- Ren C. Luo and Michael Chiou, "Hierarchical Semantic Mapping using Convolutional Neural Networks for Intelligent Service Robotics", IEEE Access Vol. 6, 61287-61294, 2018 （SCI）（EI）
- Ren C. Luo and Chia-Wen Kuo, "Intelligent Seven-DoF Robot With Dynamic Obstacle Avoidance and 3-D Object Recognition for Industrial Cyber–Physical Systems in Manufacturing Automation", Proceedings of the IEEE, Vol.104, No.5, pp.1102 -1113, 2016（SCI）（EI）
- IEK 產業情報網 2018
- Institute for Information Industry Market Intelligence & Consulting 2018

第六章
金融時代的崛起　AI 攜手區塊鏈，打造智慧金融變革年

- CopelandJack.（2000 年 5 月）. What is Artificial Intelligence? AlanTuring.net
- GantzF.John.（2017 年 10 月）. The Salesforce Economy Forecast: 3.3 Million New Jobs. Salesforce.com
- Gartner.（2017）. Forecast: Blockchain Business Value, Worldwide, 2017-2030.
- Gartner.（2019 年 9 月 12 日）. Top Trends on the Gartner Hype Cycle for Artificial Intelligence, 2019.
- Global Open Data Index.（2019）. Global Open Data Index Place Overview.
- IDC.（2015 年 10 月 29 日）. Behind the $272 Billion Salesforce Ecosystem Opportunity. Salesforce.com
- McKinsey.（2017）. The FinTech Report. McKinsey.
- PwC.（2017）. Global FinTech Report. PwC.
- 王可言，以 AI 帶動普惠金融創新，陳力俊主編，《AI 時代社科文教變革與創新思維》，2019 年 1 月，財團法人中技社。
- 王可言、李漢超、林蔚君《代幣經濟崛起：洞見趨勢，看準未來，精選全球 50 則大型區塊鏈募資案例》，2019 年 1 月，聯經出版。
- 阿凡達科技，李開復〈人工智慧領域有「七大黑洞」〉，2017 年 3 月 21 日。

第九章
智慧農業翻轉老化、缺工危機
臺灣生乳產業的智動化革新，走入農牧業高效時代

- 陳志維・2019・創新智慧家禽 4.0 科技提升產業競爭力・農政視野（第 326 期）。
- 王思涵、李國華・2017・乳牛發情電腦也知道・科學發展（530 期）。
- 李盼、余祁暐、吳明哲・2019・全球智慧生乳產業代表性案例研究・智慧科技（第 57 期）。
- 李盼、余祈暐・2019・全球乳牛協力機器人發展現況與趨勢・臺灣經濟研究院・行政院生產力 4.0 發展方案。
- 陳駿季、楊智凱・2017・推動智慧農業——翻轉臺灣農業・國土與公共治理學刊。
- 連振昌、萬一怒、顏名賢・2004・使用分房乳乳成分及導電度檢測泌乳牛乳房炎・農業機械學刊。
- Rajesh Singh. 2019. Application of artificial intelligence (AI) for livestocks & pourtry farm monitoring.

蓝濤生態系完全以「新經濟」為導向，共有四個主要組成：一個和新創企業有關，即「新北市－亞馬遜 AWS 聯合創新中心」，於 2018 年成立，協助新創企業連結資源，目前已成功孵育三期；另外三個都和「數位轉型」有關，包括「東海智慧轉型中心」和蔚藍華騰智慧顧問。

智門（SmartGate）強調的是「觀念」的轉型，為臺灣第一個知識社群影音平臺。轉型不只是靠技術，更重要的是管理，管理必須從領導者開始做起，而智門就是給予領導者最新的觀念：「與世界連結、與未來連結」。

東海智慧轉型中心是臺灣第一個以「數位轉型」為核心的大學附屬中心，與產業界和科技公司廣泛連結，積極打造「智慧＋」生態系。近期發起「醫療數位轉型產業聯盟平臺」（MIDAS；Medical Industry Digital Alliance Symposium），為臺灣第一個醫療虛實融合平臺。

智門 SmartGate

我為何成立智門（SmartGate）？

過去兩年，我打造了三個和「數位轉型」相關的平臺，第一是東海智慧轉型中心，第二是蔚藍華騰智慧顧問，第三是智門。智門是一個知識社群影音平臺，幫助大家學習以及觀念轉型。

數位轉型並不只是靠技術，更重要在於管理，而管理要從領導人開始。我經常寫文章和演講，但作為轉型的「傳道家」（Evangelist），我需要更好的平臺，智門彌補了這個空缺。

臺灣有很多網站，但大部分為生活、搞笑、美妝和政治類型，知識平臺極為缺乏，這是我成立智門的初衷。智門的定位是「與世界連結、與未來連結」，這也是臺灣政府、企業和廣大民眾共同努力的目標。看起來很高調，但我們強調「總裁的視野，庶民的語言」，讓每個人都聽得懂。

和「理科太太」相比，我應該算個「商科先生」，但我的目的並不是成為知識網紅，我希望改變臺灣，用觀念改變。作為一個金融家，我曾為臺灣引進很多資金，以金融手段幫助企業；但智門帶來的是資源，將知識變現，化為改變的力量。

智門定期訪問很多名人，都是董事長、總經理、部長等級的重量級人物，來自我多年政商人脈，主題圍繞在科技、經濟、金融和社會趨勢，唯獨不碰政治。這也是一個自媒體，多半是我自導自演。

智門的 Slogan 說明了一切：「夢想可以等待，智慧無所不在」（Heaven can wait, Wisdom will create.），祝學習愉快！

從 AI 到 AI⁺

臺灣零售、醫療、基礎建設、金融、製造、
農牧、運動產業第一線的數位轉型

作　　　者	黃齊元 Dr. Change 暨東海大學智慧轉型中心作者群
企畫主編	黃齊元
主　　　編	劉偉嘉
特約編輯	周奕君
排　　　版	喬拉拉
封　　　面	兒日設計
內容顧問	蘇于修
社　　　長	郭重興
發行人兼出版總監	曾大福
出　　　版	真文化／遠足文化事業股份有限公司
發　　　行	遠足文化事業股份有限公司
地　　　址	231 新北市新店區民權路 108 之 2 號 9 樓
電　　　話	02-22181417
傳　　　真	02-22181009
Email	service@bookrep.com.tw
郵撥帳號	19504465 遠足文化事業股份有限公司
客服專線	0800221029
法律顧問	華陽國際專利商標事務所　蘇文生律師
印　　　刷	成陽印刷股份有限公司
初　　　版	2020 年 8 月
定　　　價	460 元
ISBN	978-986-98588-6-1

歡迎團體訂購，另有優惠，請洽業務部（02）22181-1417 分機 1124、1135

特別聲明：有關本書中的言論內容，不代表本公司／出版集團的立場及意見，由作者
自行承擔文責。

國家圖書館出版品預行編目（CIP）資料

從 AI 到 AI⁺：臺灣零售、醫療、基礎建設、金融、製造、農牧、運動
　產業第一線的數位轉型／黃齊元暨東海大學智慧轉型中心作者群著 .
　-- 初版 . -- 新北市：真文化出版：遠足文化發行，2020.08
　224 面；17 x 23 公分 . --（認真職場；8）
　ISBN 978-986-98588-6-1（平裝）

　1. 人工智慧 2. 數位科技 3. 產業發展 4. 臺灣

312.83　　　　　　　　　　　　　　　　　　　　109009970